普通高等学校电子信息类系列教材

《Visual Basic 程序设计(第三版)》
实训与习题指导

主　编　赵双萍　周耿烈

副主编　黄金水　杨桂珍　夏　杰

西安电子科技大学出版社

内 容 简 介

本书是与《Visual Basic 程序设计》(第三版)(西安电子科技大学出版社出版)配套的教学辅导用书,内容包括两部分:第一部分是上机实验指导;第二部分是习题参考解答。

第一部分按教学知识点安排了 12 个实验,实验内容覆盖了配套教材中的主要知识点,实用性强。每个实验包括实验目的、实验内容及指导和实训练习。实验目的给出了本次实验所要达到的目标;实验内容及指导给出了分析提示、实验步骤和部分参考程序(或思考题),引导读者进入程序设计,练习编写程序;实训练习给出了实验题目,由读者自行设计完成,强化练习,培养读者独立编程的能力。实验指导方法多样,界面丰富多彩,对训练编程思想和编程方法具有启发作用。第二部分给出了配套教材中各章对应习题的详细解答和指导。

本书内容丰富,结构清晰,设计方法由浅入深、循序渐进,通俗易懂,便于掌握。

本书既可作为高等学校学生的教材,亦可用作成人教育学生的教材,还可作为计算机等级考试培训教材或自学参考书。

图书在版编目(CIP)数据

《Visual Basic 程序设计(第三版)》实训与习题指导 / 赵双萍,周耿烈主编. —3 版. —西安:西安电子科技大学出版社,2018.8(2021.7 重印)
ISBN 978 – 7 – 5606 – 5073 – 9

Ⅰ. ①V… Ⅱ. ①赵… ②周… Ⅲ. ①BASIC 语言—程序设计—高等学校—教学参考资料 Ⅳ. ①TP312.8

中国版本图书馆 CIP 数据核字(2018)第 183838 号

策划编辑 杨丕勇
责任编辑 杨丕勇
出版发行 西安电子科技大学出版社(西安市太白南路 2 号)
电　　话 (029)88202421 88201467 邮　　编 710071
网　　址 www.xduph.com 电子邮箱 xdupfxb001@163.com
经　　销 新华书店
印刷单位 咸阳华盛印务有限责任公司
版　　次 2018 年 8 月第 3 版 2021 年 7 月第 7 次印刷
开　　本 787 毫米×1092 毫米 1/16 印张 9.75
字　　数 224 千字
印　　数 14 501～15 500 册
定　　价 26.00 元
ISBN 978–7–5606–5073–9/TP
XDUP 5375003–7

前　言

Visual Basic 程序设计课程实践性强，学习者很大程度上是通过上机练习和实际操作来掌握相关知识的。本书是《Visual Basic 程序设计(第三版)》(西安电子科技大学出版社出版)一书的配套辅助教材。本书的编写目的是给读者提供上机指导和实际练习指导，帮助读者进一步消化吸收 Visual Basic 程序设计语言的基本知识和基本技能，提高应用 Visual Basic 语言解决实际问题的能力。

本书包括两部分：上机实验指导和习题参考解答。第一部分按教学知识点安排了 12 个实验，实验内容精选具有代表性、典型性和实用性的实验题目。每个实验又包括实验目的、实验内容及指导和实训练习三部分。实验目的给出了本次实验所要达到的目标；实验内容及指导给出了分析提示、实验步骤和部分参考程序(或思考题)，引导读者进入程序设计，练习编写程序；实训练习给出了实验题目，由读者自行设计完成，强化练习，培养读者独立编程的能力。实验指导方法多样，界面丰富多彩，对训练编程思想和编程方法具有实际指导作用。

第二部分是《Visual Basic 程序设计(第二版)》一书配套习题的解答。对书中的简答题给出了详细的答案；对于编程题，则给出了分析、设计步骤和完整的程序代码，帮助读者检查自己的学习效果。

本书以应用为中心，以初学者为对象，以提高程序设计能力为宗旨，为读者使用 Visual Basic 开发 Windows 平台下的应用程序提供了捷径。

由于编者水平有限，书中难免存在缺点和不足之处，敬请读者不吝指正。

编　者

目　录

第一部分　上机实验指导

第 二 部 分　习 题 参 考 解 答

第一部分
上机实验指导

实验 1　创建一个简单的 Visual Basic 应用程序

1.1　熟悉 Visual Basic 6.0 集成开发环境

一、实验目的

(1) 掌握 Visual Basic 6.0 的启动方法。

(2) 熟悉 Visual Basic 6.0 的集成开发环境。

(3) 掌握在工具箱中添加选项卡和新部件的方法。

二、实验内容及指导

1. 启动 Visual Basic 6.0

在 Windows 环境下，启动 Visual Basic 6.0 有两种方法。

方法一：依次选择"开始"菜单→"程序"菜单项→"Microsoft Visual Basic 6.0 中文版"菜单项→"Microsoft Visual Basic 6.0 中文版"图标，单击鼠标左键，启动 Visual Basic 6.0。

方法二：打开"资源管理器"菜单，找到 Visual Basic 6.0 的安装目录，双击 Visual Basic 6.exe 启动 Visual Basic 6.0。

另外，也可以通过双击 VB 程序文件(.vbp 文件)来启动 Visual Basic 6.0。

2. Visual Basic 6.0 的集成开发环境

默认的 Visual Basic 6.0 集成开发环境包括：标题栏、菜单栏、工具栏、工具箱、窗体设计窗口、工程资源管理器窗口、属性窗口以及窗体布局窗口。

启动 Visual Basic 6.0 后就会出现 Visaul Basic 的启动界面，接着出现"新建工程"窗口，如图 1-1 所示。选择"标准 EXE"图标，单击"打开"按钮，即可新建一个"标准 EXE"工程。

图 1-1　Visual Basic 6.0 新建工程界面

在新建"标准 EXE"工程的同时，就出现了 Visual Basic 6.0 的集成开发环境，并新建了一个空白的 Form1 窗体。

对于在集成开发环境中默认显示的工具箱、窗体设计器窗口、工程资源管理器窗口、属性窗口以及窗体布局窗口等窗口，可以关闭、打开和改变位置。

1) 关闭窗口

通过单击各窗口的 ⊠ 图标可以关闭窗口。

2) 打开窗口

要打开工具箱、工程资源管理器窗口、属性窗口、窗体布局窗口、对象浏览器窗口以及数据视图窗口等 6 个窗口，有两种方法：

(1) 选择"视图"菜单中的各窗口名称打开窗口，如图 1-2 所示。

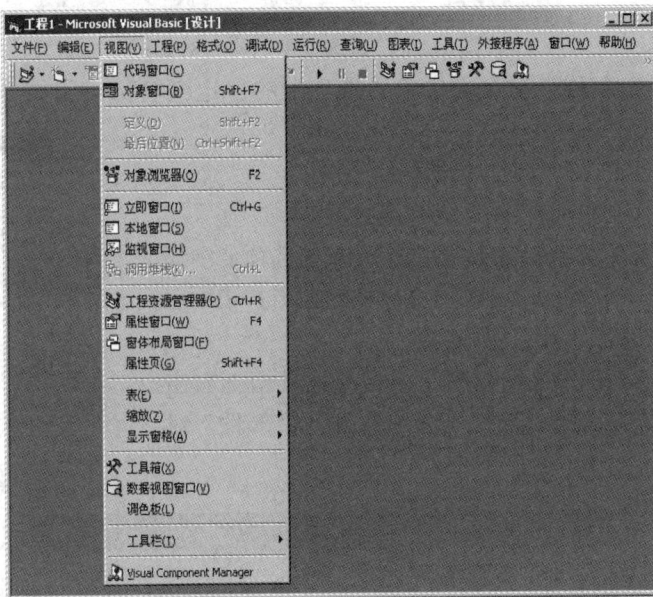

图 1-2　通过菜单命令打开工具箱

(2) 单击工具栏中的各窗口图标(也称快捷按钮)打开窗口，如图 1-3 所示。

图 1-3　通过快捷按钮打开工具箱

通过"视图"菜单中的"代码窗口"命令、"对象窗口"命令、"立即窗口"命令、"本地窗口"命令以及"监视窗口"命令可以分别打开代码编辑器窗口、窗体设计器窗口、立即窗口、本地窗口以及监视窗口。在工程窗口中可以打开代码编辑器和窗体设计器以及在它们之间切换。

3．在工具箱中添加选项卡和新部件

1）在工具箱中添加选项卡

在工具箱中添加选项卡的操作步骤如下：

(1) 在工具箱上右击鼠标，在弹出的菜单中选择"添加选项卡"子菜单，此时会出现"新选项卡名称"对话框，如图1-4所示。

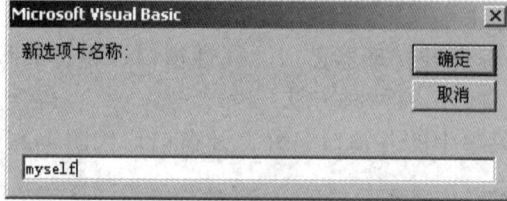

图1-4 "新选项卡名称"对话框

(2) 在"新选项卡名称"对话框中输入选项卡的自定义名称，比如"myself"，单击"确定"按钮退出。

2）在新建选项卡中添加部件

在新建选项卡中添加部件的操作步骤如下：

(1) 单击刚才新建的选项卡，会发现在myself选项卡中还没有任何控件，如图1-5所示。可以用鼠标左键把工具箱中已有的控件拖到myself选项卡中。

(2) 对于不在工具箱中的其他控件，可在工具箱上右击鼠标，在弹出的菜单中选择"部件"选项，打开"部件"对话框，如图1-6所示。

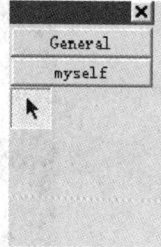

图1-5 空的myself选项卡

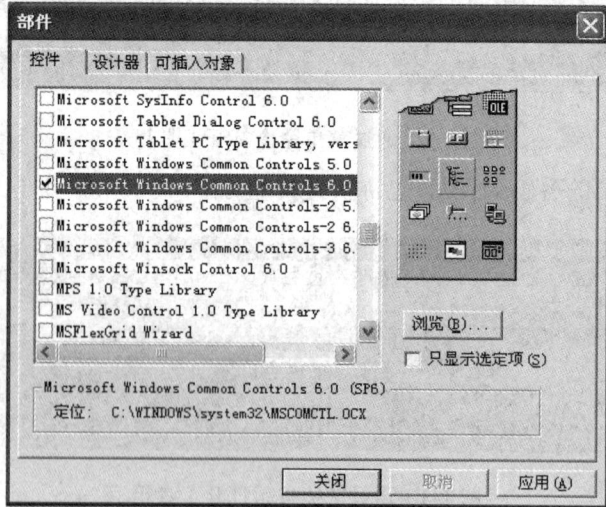

图1-6 "部件"对话框

(3) 在"部件"对话框的控件标签下选择对应控件或控件组，比如"ImageList控件"。由于该控件包含在Microsoft Windows Common Control 6.0 (SP6)中，因此在图1-6的对话框

中选择"Microsoft Windows Common Control 6.0 (SP6)",单击"应用"按钮,再单击"关闭"按钮。

(4) 我们发现工具箱又回到了 General 选项卡,并且 ImageList 控件被添加到包含其他标准控件的工具箱中(General 选项卡下)。

(5) 使用鼠标将 ImageList 控件拖到 myself 选项卡中即可。

三、实训练习

1. 练习 Visual Basic 6.0 集成开发环境中常用窗口的打开方法

打开 Visual Basic 6.0,关闭所有常用窗口,然后逐个打开工具箱、工程窗口(工程资源管理器)、属性窗口、窗体布局窗口、代码编辑器(代码窗口)、窗体设计器(对象窗口)。

2. 在工具箱中添加选项卡和新部件

在工具箱中添加名为"newproject"的选项卡,并在选项中添加通用对话框。(通用对话框控件包含在 Microsoft Common Dialog Control 6.0(SP3)中。)

1.2 创建一个简单的程序

一、实验目的

(1) 学会添加控件和使用属性窗口的方法。
(2) 学会在代码编辑器窗口中添加代码的方法。
(3) 掌握保存程序和运行应用程序的方法。
(4) 掌握 Visual Basic 6.0 面向对象程序设计方法和事件驱动编程机制。

二、实验内容及指导

【实验 1-1】 计算两数之和。
程序运行界面如图 1-7 所示。

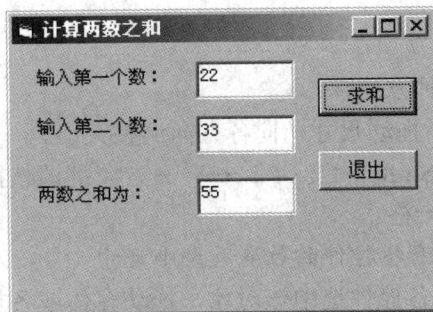

图 1-7 运行界面

在 Visual Basic 6.0 中,程序设计过程基本分为 6 步:
(1) 创建新工程,设计应用程序界面;
(2) 设置界面上各个对象的属性;

(3) 编写程序(事件)代码；

(4) 保存应用程序(保存工程)；

(5) 运行和调试程序；

(6) 生成可执行文件。

下面就按照上面所述的步骤设计计算两数之和的程序。

1．创建新工程，设计应用程序界面

1) 创建新工程，在新工程中建立新窗体

若是刚启动 Visual Basic 6.0，则系统会自动创建一个新工程，在其中有一个新窗体。若刚建立完一个工程，则需单击"文件"菜单中的"新建工程"子菜单。

建完工程后，会在屏幕上出现一个没有任何控件的空白窗体，可在该窗体中绘制所需控件。

2) 创建控件

创建控件有以下几种方法：

(1) 在控件箱中双击选定的控件图标，该控件会自动出现在窗体中间；

(2) 在控件箱中单击选定的控件图标，将变成十字线的鼠标指针放在窗体上，拖动十字线画出大小合适的控件。

3) 选择控件

选择控件有以下几种方法：

(1) 单击某个控件，当控件的四周出现尺寸柄时表示控件被选中；

(2) 用↑、↓、←、→方向键在不同的控件中切换；

(3) 按住 Shift 键，依次单击几个控件，可同时选中几个控件；

(4) 在控件的外围拖出一个选择框，则框内的所有控件同时被选中。

4) 移动控件

移动控件有以下几种方法：

(1) 先用鼠标选择控件，再把窗体上的控件拖动到新位置。

(2) 先选择控件，用 Ctrl+↑、↓、←、→方向键调整控件的位置，每次的移动距离为窗体网格的一格。

5) 调整控件大小

调整控件大小有以下几种方法：

(1) 先选择某控件，然后拖动尺寸柄向各方向调整大小。

(2) 先选择某控件，用 Shift +↑、↓、←、→方向键调整控件的大小，每次增大或缩小的移动距离为窗体网格的一格。

6) 查看工具栏中的窗体和各控件的位置及大小尺寸

(1) 单击窗体 Form1 或各控件选中该对象，拖动窗体或各控件的尺寸柄改变窗体或各控件的大小，可以看到工具栏最右边表示窗体或各控件大小的数据发生了改变；

(2) 单击窗体 Form1 选中窗体，在"窗体布局"窗口中移动小窗体 Form1 图标，改变窗体的位置，可以看到工具栏最右边表示窗体位置的数据发生了改变；

(3) 单击各控件选中该控件，移动控件的位置，可以看到工具栏右边表示控件位置的数据发生了改变。

7) 对齐控件

为了使控件在窗体中的位置整齐统一，可以使用"格式"菜单的菜单项来对齐控件。

(1) 使用上面介绍的方法同时选中两个或两个以上按钮，然后选择"格式"菜单→"对齐"→"统一尺寸"菜单项，根据需要，可对控件的位置及尺寸进行调整；

(2) 选中一个或一个以上按钮，选择"格式"菜单→"在窗体中居中对齐"菜单项，根据需要，可将控件调整放置在窗体中居中位置。

也可用"格式"菜单中其他的菜单项对控件进行调整。

8) 移去控件

选中控件，按 Del 按钮删除控件，则窗体中的控件被移去。

9) 锁定控件

锁定控件是将窗体上所有的控件锁定在当前位置，以防止已处于理想位置的控件因不小心而移动。锁定控件的方法如下：

(1) 先选中单个或多个控件，单击"格式"菜单→"锁定控件"菜单项。

(2) 用鼠标右键单击窗体，在快捷菜单中单击"锁定控件"菜单项，用来锁定所有控件。

(3) 要解锁控件也是采用同样的方法，这是一个可切换的菜单选项。

2. 设置界面上各个对象的属性

首先选中要设置属性的控件或窗体，然后在属性窗口中修改各属性的值。

根据表 1.1 设置各个控件的属性值，设置属性后的效果如图 1-8 所示。

表 1.1　对象及其属性设置

对　象	属　性	属 性 值	对　象	属　性	属 性 值
窗体	Caption	计算两数之和	文本框 3	Name	txtSum
标签框 1	Caption	输入第一个数：		Text	""(空)
标签框 2	Caption	输入第二个数：	命令按钮 1	Name	cmdAdd
标签框 3	Caption	两数之和为：		Caption	求和
文本框 1	Name	txtFirst	命令按钮 2	Name	cmdExit
	Text	""(空)			
文本框 2	Name	txtSecond		Caption	退出
	Text	""(空)			

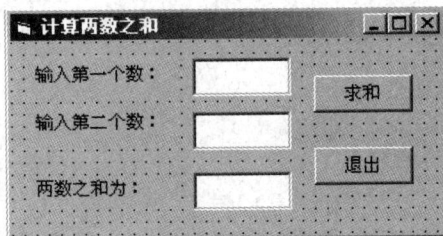

图 1-8　计算两数之和的窗体界面

3. 编写程序代码

编写程序代码实现当在文本框 1、文本框 2 中输入两个加数后，单击"求和"(cmdAdd)按钮时，在文本框 3 中显示两数之和，单击"退出"(cmdExit)按钮时退出程序的运行。程序代码需要在代码编辑器中编写。编写程序代码的步骤如下：

1) 打开代码编辑器窗口

打开代码编辑器窗口有三种方法：

(1) 双击要编写代码的窗体或控件；

(2) 单击"工程资源管理器窗口"工具栏的"查看代码"按钮；

(3) 选择"视图"菜单→"代码窗口"菜单项。

2) 生成事件过程

代码窗口有对象列表框和过程列表框，要编写的代码是在鼠标单击"求和"按钮时发生的事件，因此在对象列表框选择 cmdAdd，在过程下拉列表中选择 Click 事件，如图 1-9 所示。

选择 Click 后，在代码窗口中会自动生成下列事件代码框架：

```
Private Sub cmdAdd_Click()

End Sub
```

其中，cmdAdd 为对象名，Click 为事件名。单击"求和"(cmdAdd)按钮时调用的事件过程为 cmdAdd_Click 事件过程。

3) 编写代码

在事件代码框输入如图 1-9 所示的代码，使单击"求和"按钮时在文本框 3 中显示由文本框 1、文本框 2 中输入的两个数之和。

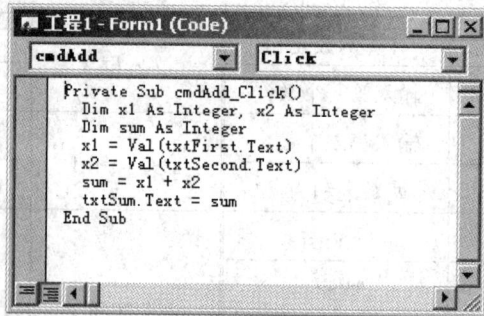

图 1-9　代码窗口

以同样的方法生成 cmdExit 按钮的单击事件过程，"退出"按钮的程序代码为

```
Private Sub cmdExit_Click()
    End
End Sub
```

其中，End 命令将结束程序的运行。

4. 保存工程

保存 Visual Basic 程序分为两个步骤：先保存工程中的窗体，再保存工程。首先在两个保存窗口中输入相应的窗体名和工程名，两种文件的系统默认扩展名分别为 .frm、.vbp；然

后单击"确定"按钮即可完成保存操作。

5．运行和调试程序

运行程序的同时，系统会把其中的错误指出来并作标识，根据系统提示的错误即可完成代码的调试。运行程序有以下几种方法：

(1) 从"运行"菜单中选择"启动"菜单项。

(2) 单击工具栏中的快捷按钮▶。

(3) 按 F5 键。

运行程序出现窗体Form1的运行界面，当在文本框1、文本框2中输入两个加数后，单击"求和"(cmdAdd)按钮时，在文本框 3 中显示两数之和，单击"退出"(cmdExit)按钮时将退出程序的运行。

6．生成可执行文件

程序运行调试完成后，可以将工程编译成默认扩展名为 .exe 的文件，这样工程能脱离Visual Basic 6.0 编程环境，转变为能在操作系统下独立运行的应用程序。

单击"文件"菜单中的"生成…exe"子菜单，系统会弹出工程生成对话框，在其中输入要生成的应用程序的文件名，然后单击"确定"按钮，系统会自动将工程编译生成对应的 .exe 应用程序。

在 Windows 环境下查找到生成的 .exe 文件，双击运行该文件。

三、实训练习

1．设计一个简单的应用程序

要求：编写一个程序，其中有 1 个标签及 3 个命令按钮。单击第一个按钮时，标签上显示"同学们好"；单击第二个按钮时，改变标签的文字颜色；单击第三个按钮时，结束程序。

2．使用几种常用的帮助

(1) 按 F1 键进入 MSDN(如果安装了 MSDN)；

(2) 使用 MSDN 中的目录、索引、搜索及教程(例如查找窗体 Form 的 Move 方法)；

(3) 按 F2 键，进入对象浏览器，查找对象，了解对象的属性、方法及事件；

(4) 通过 Internet 网络获得帮助(如网络上的资源 http://msdn.microsoft.com/zh-cn/vbasic)。

实验 2　Visual Basic 语言基础

一、实验目的

(1) 掌握 Visual Basic 的各种数据类型。
(2) 熟悉常量的定义、变量的声明和赋值。
(3) 掌握基本语句及书写规则。
(4) 掌握各种运算符的功能及表达式的构成和求值方法。
(5) 掌握各种常用函数的功能和用法。

二、实验内容及指导

【实验 2-1】　使用四种不同的数据类型来设定对象的属性。

实验步骤：

(1) 窗体界面设计。新建工程，在窗体上添加一个命令按钮和一个文本框，如图 2-1(a) 所示。

(2) 对象属性设置。通过代码对窗体和控件的属性进行赋值，说明不同的属性(数据)有不同的数据类型。

(3) 编写程序代码。

```
Private Sub Command1_Click()
    Text1.Text = "Hello"
    Text1.Left = 2500
    Command1.Enabled = False
    Me.Caption = Now
End Sub
```

运行界面如图 2-1(b)所示。

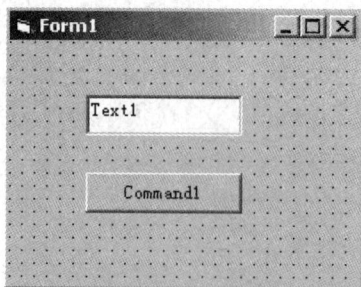
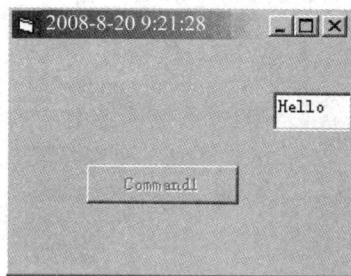

(a)　设计界面　　　　　　　　(b)　运行界面

图 2-1　实验 2-1 界面

说明：这里分别用到了文本类型、数值类型、布尔类型以及日期时间类型。

【实验2-2】 求圆的面积。

实验步骤：

(1) 窗体界面设计。新建工程，在窗体上添加一个命令按钮。

(2) 对象属性设置。将命令按钮的标题属性设置为"计算圆的面积"。

(3) 编写程序代码。

```
Private Sub Command1_Click()
    Dim r As Double, Area As Double        '定义变量
    Const PI As Double = 3.14159           '定义常量
    r = 3                                  '给变量赋值
    Area = PI * r * r                      '计算圆面积
    Print "半径为 " & r & " 时" & "面积为 " & Area
    Print
    r = 4
    Area = PI * r * r
    Print "半径为 " & r & " 时" & "面积为 " & Area
    Print
    r = 5
    Area = PI * r * r
    Print "半径为 " & r & " 时" & "面积为 " & Area
End Sub
```

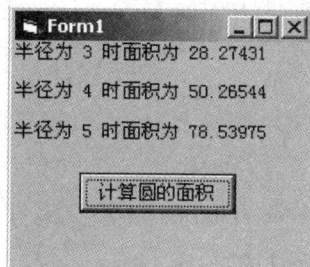

图 2-2　计算圆的界面

运行界面如图 2-2 所示。

说明：本题涉及常量定义、变量声明及赋值、表达式计算、变量值的输出(用 Print)。程序中通过先给变量赋值，再处理，最后用 Print 方法在窗体上输出。当然，比较好的办法是用输入及输出(InputBox、MsgBox)函数来输入圆半径和输出计算出的面积。

【实验2-3】 运算符及表达式的使用。

实验步骤：

(1) 先手工计算下列表达式的值，然后在立即窗口中验证这些表达式的输出结果。

① 8*3*6\2
② 7/6*3.2/2.15*(4.3+8.5)
③ 34\4*4.0^3/1.6
④ 65\3 Mod 2.6 *Fix(3.7)
⑤ "abc"+"345"&"257"
⑥ 279.37+"0.63"=280
⑦ 4>8 And 4=5
⑧ True Or Not(8+3>=11)
⑨ 8>4 Or 5<9
⑩ (True And False) Or (True Or False)

(2) 设 x、y、z 均为布尔型变量，其值分别为 x=True，y=True，z=False。求下列表达式的值：

先手工计算下列表达式的值，然后在立即窗口中验证这些表达式的输出结果。

① x Or y and z
② Not x And Not y
③ x Xor y Or z
④ Not x Eqv Not y
⑤ (Not y Or x) And (y Or z)
⑥ 279.37+"0.63"=280
⑦ 4>8 And 4=5
⑧ x Or Not y Imp z

—11—

(3) 设 x=2732.87；y=-658.236；z=3.14159*30/180。在立即窗口中验证以下函数的输出结果。

① Int(x)　　　② Fix(x)　　　③ Int(y)　　　④ Fix(y)

⑤ Cint(x)　　⑥ Hex(Int(x))　⑦ Oct(Fix(x))　⑧ Abs(y)

⑨ Sin(z)　　⑩ Cos(z)

说明：以上各表达式和函数的值要在"立即窗口"中输出，必须用 Print 语句来完成。

【实验 2-4】 求解一元二次方程。

实验步骤：

(1) 窗体界面设计。新建工程，在窗体上添加 6 个标签、5 个文本框和 1 个命令按钮，如图 2-3 所示。

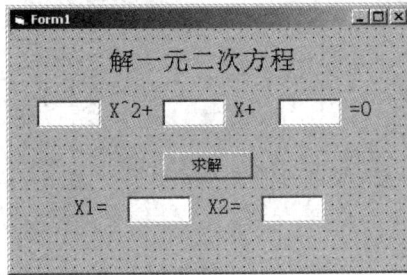

图 2-3　求解一元二次方程

(2) 对象属性设置。属性设置如表 2.1 所示。

表 2.1　对象属性设置

对　象	属　性	属　性　值	对　象	属　性	属　性　值
标签1	Caption	解一元二次方程	文本框3	Name	Txt_c
标签2	Caption	X^2+		Text	""(空)
标签3	Caption	X+	文本框4	Name	Txt_X1
标签4	Caption	=0		Text	""(空)
标签5	Caption	X1=	文本框5	Name	Txt_X2
标签6	Caption	X2=		Text	""(空)
文本框1	Name	Txt_a	命令按钮	Name	cmdSolve
	Text	""(空)		Caption	求解
文本框2	Name	Txt_b			
	Text	""(空)			

另外，通过 Font 属性设置控件的字体大小，用"格式"菜单调整控件的大小和布局。

(3) 编写程序代码。

```
Option Explicit
Private Sub cmdSolve_Click()
    Dim a As Double, b As Double, c As Double        '定义 a、b、c 为方程的系数
    Dim X1 As Double, X2 As Double                   '定义 X1、X2 为方程的根
```

```
        Dim Delt As Double                   ' Delt 为判别式，定义为双精度数据类型
        a = txt_a.Text                        ' 从文本框取得输入的系数
        b = txt_b.Text
        c = txt_c.Text
        Delt = Sqr(b ^ 2–4 * a * c)           ' Sqr 是开平方函数
        X1 = (–b + Delt) / (2 * a)            ' 表达式求方程的根
        X2 = (–b–Delt) / (2 * a)
        txt_X1.Text = X1                      ' 将根显示在文本框中
        txt_X2.Text = X2
    End Sub
```

　　本题中的 5 个文本框分别用来表示方程的 3 个系数和 2 个根。在使用程序时，要确保方程的判别式大于 0。注意到程序中最前面使用了 Option Explicit，它要求程序中所有的变量都必须先定义后使用。

【实验 2-5】　　制作一个显示日期和星期的界面，并显示离国庆节的间隔天数。

实验步骤：

(1) 窗体界面设计。新建工程，在窗体上添加 5 个标签、4 个文本框和 1 个命令按钮，如图 2-4 所示。

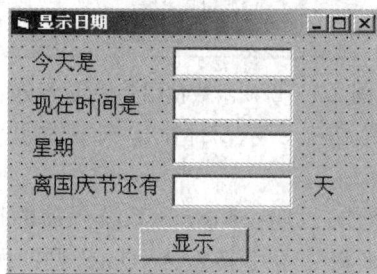

图 2-4　日期函数使用示例

(2) 对象属性设置。属性设置如表 2.2 所示。

表 2.2　对象属性设置

对　象	属　性	属 性 值	对　象	属　性	属 性 值
窗体(Form1)	Caption	显示日期	文本框1	Name	txtDate
标签1	Caption	今天是		Text	""(空)
标签2	Caption	现在时间是	文本框2	Name	txtTime
标签3	Caption	星期		Text	""(空)
标签4	Caption	离国庆节还有	文本框3	Name	txtWeekday
标签5	Caption	天		Text	""(空)
命令按钮	Name	cmdDisplay	文本框4	Name	txtDays
	Caption	显示		Text	""(空)

(3) 代码设计。

```
Private Sub cmdDisplay_Click()
'单击按钮显示事件
    Dim Today As Date, OtherDay As Date
    Today = Now
    txtDate.Text = Date
    txtTime.Text = Hour(Now) & ":" & Minute(Now) & ":" & Second(Now)
    txtWeekday.Text = Weekday(Date)
    OtherDay = CDate(Year(Date) & "/10/1")
    txtDays.Text = OtherDay−Date + 1
End Sub
```

运行界面如图 2-5 所示。

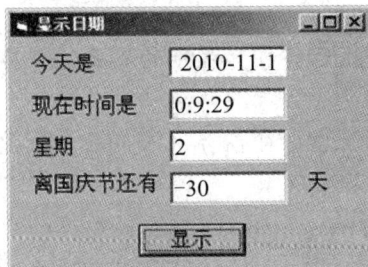

图 2-5　日期函数使用示例(运行界面)

单击"显示"按钮，就在图 2-5 所示窗体由上到下的四个文本框中依次显示日期、时间、星期和与国庆节的日期间隔。

程序中 Date 函数为系统当前的日期；Now 为系统当前的日期和时间；Weekday 函数用来计算星期几；CDate 函数用来将字符串转换为 Date 型；两个日期型变量相减所得为数值型。

三、实训练习

(1) 输入角度计算并显示其正弦、余弦、正切、余切值。

(2) 结合教材习题练习各种运算符及表达式的使用。

实验 3　窗体和基本控件

3.1　窗　　体

一、实验目的

(1) 掌握窗体的属性、事件和方法。
(2) 掌握窗体的装载和卸载方法。
(3) 掌握事件过程的编写。

二、实验内容及指导

【实验 3-1】 控制窗体"变大"和"变小"。

在窗体上设置 3 个命令按钮,如图 3-1 所示,程序进入运行状态后,当单击"窗体变大"命令按钮时,窗体变大;单击"窗体变小"按钮时,窗体变小;单击"退出"按钮时,则退出。

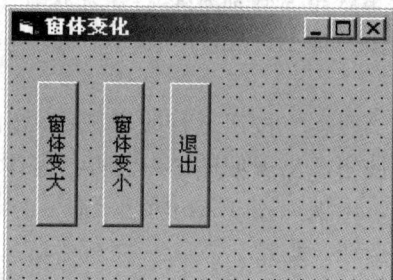

图 3-1　控制窗体变化

实验步骤:

(1) 建立应用程序用户界面。创建窗体界面,在窗体中放置 3 个命令按钮。
(2) 设置对象属性。属性设置如表 3.1 所示。

表 3.1　对象属性设置

对　象	属　性	属 性 值	对　象	属　性	属 性 值
窗体	Name	frmChange	命令按钮 2	Name	cmdReduce
	Caption	窗体变化		Caption	窗体变小
命令按钮 1	Name	cmdEnlarge	命令按钮 3	Name	cmdEnd
	Caption	窗体变大		Caption	退出

(3)　程序代码如下：

```
Private Sub Form_Load()                    '窗体初始化
    frmChange.Height = 4000
    frmChange.Width = 4000
    frmChange.Top = 1000
    frmChange.Left = 1000
End Sub
Private Sub cmdEnlarge_Click()             '"窗体变大"按钮，每次增加 200 点
    frmChange.Height = frmChange.Height + 200
    frmChange.Width = frmChange.Width + 200
End Sub
Private Sub cmdReduce_Click()              '"窗体变小"按钮，每次减少 200 点

    _____

    _____

End Sub
Private Sub cmdEnd_Click()                 '退出程序
    End
End Sub
```

请将程序补充完整。

【实验 3-2】 设计一个由 3 个窗体组成的"古诗欣赏"应用程序。

窗体 1(Form1)为主界面；窗体 2(Form2)中显示唐诗"登鹳鹊楼"；窗体 3(Form3)中显示唐诗"山行"。

要求：单击工具栏中的"启动"按钮运行应用程序，出现如图 3-2(a)所示主窗体；

单击"登鹳鹊楼"命令按钮，出现如图 3-2(b)所示窗体；

单击"山行"命令按钮，出现如图 3-2(c)所示窗体；

单击"卸载窗体"命令按钮，退出。

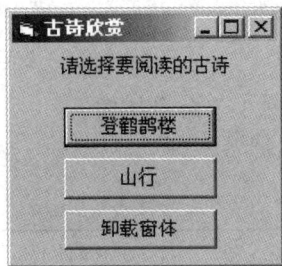

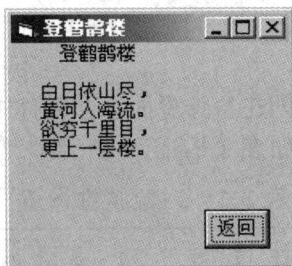

(a)　主窗体　　　　(b)　唐诗"登鹳鹊楼"窗体　　　　(c)　唐诗"山行"窗体

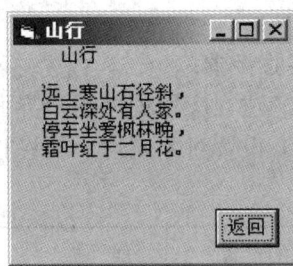

图 3-2　"古诗欣赏"窗体

实验步骤：

(1) 建立应用程序用户界面。创建工程，分别创建 3 个窗体，在窗体 1 中放置 3 个命令按钮；在窗体 2 中放置 1 个命令按钮；在窗体 3 中放置 1 个命令按钮。

(2) 设置对象属性。属性设置如表 3.2 所示。

表 3.2　对象属性设置

对象	属性	属性值	对象	属性	属性值
窗体 1	Name	frmPoem 1	窗体 2	Name	frmPoem2
	Caption	古诗欣赏		Caption	登鹳鹊楼
标签(Label 1)	Caption	请选择要阅读的古诗	命令按钮 4	Name	cmdReturn2
命令按钮 1	Name	cmdPoem1		Caption	返回
	Caption	登鹳鹊楼	窗体 3	Name	frmPoem2
命令按钮 2	Name	cmdPoem2		Caption	山行
	Caption	山行	命令按钮 5	Name	cmdReturn3
命令按钮 3	Name	cmdUnload		Caption	返回
	Caption	卸载窗体			

(3) 编写 Form1 窗体中对象的事件过程代码。

```
Private Sub cmdPoem1_Click()
    frmPoem2.Show
    frmPoem1.Hide
End Sub
Private Sub cmdPoem2_Click()

    _____

    _____

End Sub
Private Sub cmdUnload_Click()
    Unload frmPoem 1
End Sub
```

在"工程资源管理器"窗体中选择 Form2 窗体，编写 Form2 窗体中对象的事件过程代码。

```
Private Sub Form_Activate()
    Print Tab(6); "登鹳鹊楼"
    Print
    Print Tab(4); "白日依山尽，"
    Print Tab(4); "黄河入海流。"
    Print Tab(4); "欲穷千里目，"
    Print Tab(4); "更上一层楼。"
End Sub
Private Sub cmdReturn2_Click()
    Cls
    frmPoem1.Show
    frmPoem2.Hide
End Sub
```

在"工程资源管理器"窗体中选择Form3窗体，编写Form3窗体中对象的事件过程代码。

```
Private Sub Form_Activate()
    Print Tab(6); "山行"
    Print
    Print Tab(4); "远上寒山石径斜，"
    Print Tab(4); "白云深处有人家。"
    Print Tab(4); "停车坐爱枫林晚，"
    Print Tab(4); "霜叶红于二月花。"
End Sub
Private Sub cmdReturn3_Click()
    _____
    _____
    _____
End Sub
```

请将程序补充完整。

三、实训练习

通过代码设置窗体的前景色、背景色、字体和字号，用窗体的 Left、Top 属性和 Move 方法移动窗体，用 Print 方法显示窗体的当前位置。

3.2　标签、文本框和按钮

一、实验目的

(1) 了解标签、文本框和按钮在程序中的作用。
(2) 掌握标签、文本框和按钮的属性、事件和方法。
(3) 掌握标签、文本框和按钮的使用方法。

二、实验内容及指导

【实验 3-3】 设计一个程序，窗体如图 3-3 所示。

图 3-3　实验 3-3 运行界面

要求在"输入数据"框中输入一个数字。当单击"计算"命令按钮时，将输入的数据乘以 100 后显示在另一个文本框中。

实验步骤:

(1) 建立应用程序用户界面。创建工程,在窗体上添加 2 个标签、2 个文本框、2 个命令按钮。

(2) 设置对象属性。属性设置如表 3.3 所示。

表 3.3 对象属性设置

对　象	属　性	属 性 值	对　象	属　性	属 性 值
标签 1	Caption	输入数据	标签 2	Caption	输入数据*100
文本框 1	Name	txtInput	命令按钮 1	Name	cmdCalc
	Text	""(空)		Caption	计算
文本框 2	Name	txtOutput	命令按钮 2	Name	cmdExit
	Text	""(空)		Caption	退出

(3) 程序代码如下:

```
Private Sub cmdCalc_Click()
    Dim pl As Single
    pl = Val(txtInput.Text)
    txtOutput.Text = Str(pl * 100)
End Sub
Private Sub cmdExit_Click()
    End
End Sub
```

【实验 3-4】 文本框的密码设置。

窗体 1(Form1)上有 1 个标签框、1 个文本框、2 个命令按钮。在文本框中输入密码,然后单击“核对密码”命令按钮,如果密码不正确,显示重新输入密码的信息;如果输入了三次错误的密码,程序自动结束;如果密码正确,显示窗体 2(Form2),窗体 2 上有“欢迎使用 Visual Basic”的文字。窗体外观如图 3-4(a)和(b)所示。

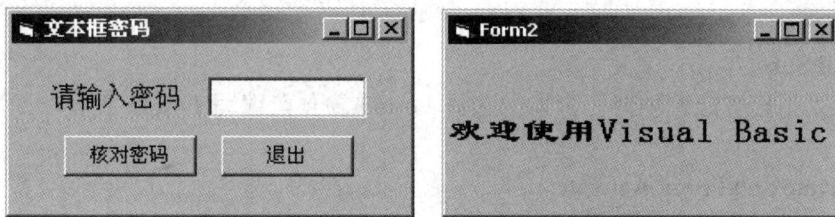

(a) 输入密码界面　　　　　　　　(b) 密码正确输入后的显示界面

图 3-4 文本框的密码

实验步骤:

(1) 建立应用程序用户界面。创建工程,分别创建 2 个窗体,在窗体 1 上添加 1 个标签框、1 个文本框和 2 个命令按钮。

(2) 设置对象属性。属性设置如表 3.4 所示。

表 3.4 对象属性设置

对　象	属　性	属 性 值	对　象	属　性	属 性 值
窗体	Caption	文本框密码	命令按钮 1	Name	cmdCheck
标签框 1	Caption	请输入密码		Caption	核对密码
文本框	Name	txtInput	命令按钮 2	Name	cmdExit
	PasswordChar	*		Caption	退出
	Text	""(空)			

(3) 编写 Form1 窗体中对象的事件过程。

```
Private Sub cmdCheck_Click()
    Static counter As Integer
    password = txtInput.Text
    If password = "VisualBasic" Then
        Form1.Hide
        Form2.Show
    Else If password <> "VisualBasic" Then
        counter = counter + 1
        MsgBox "密码错误，请重新输入！"
        txtInput.SetFocus
        txtInput.SelStart = 0
        txtInput.SelLength = Len(txtInput.Text)
        If counter = 3 Then
            End
        End If
    End If
End Sub
Private Sub cmdExit_Click()
    End
End Sub
```

在"工程资源管理器"窗体中选择 Form2 窗体，编写 Form2 窗体中对象的事件过程代码。

```
Private Sub Form_Activate()
    Print
    Print "欢迎使用 Visual Basic"
End Sub
```

三、实训练习

(1) 在窗体上画 3 个文本框和 1 个命令按钮。程序运行后，单击命令按钮，在第一个文本框中显示由命令按钮的 Click 事件过程设定的内容(例如"Microsoft Visual Basic 6.0")，同时在第二、第三个文本框中分别用小写字母和大写字母显示第一个文本框中的内容。

(2) 设计一个能够完成加、减、乘、除运算的简单计数器。

3.3　鼠标事件和键盘事件

一、实验目的

(1) 掌握常用键盘事件和鼠标事件的用法。
(2) 熟悉各个事件的发生时序及参数含义。

二、实验内容及指导

【实验 3-5】　编写如下两个事件过程。

```
Private Sub Form_KeyDown(KeyCode As Integer, Shift As Integer)
    Print Chr(KeyCode)
End Sub
Private Sub Form_KeyPress(KeyAscii As Integer)
    Print Chr(KeyAscii)
End Sub
```

在一般情况下(即不按住 Shift 键或锁定大写)，运行程序，如果按"A"键，则程序的输出是什么？

分析提示：在第一个事件过程中，参数 KeyCode 是实际的 ASCII 码，该码以"键"为准，而不是以"字符"为准，即大写字母(上档字符)与小写字母(下档字符)使用同一个键，其 KeyCode 相同，使用大写字母的 ASCII 码。当直接按"A"键或者按住 Shift 键的同时按"A"键时，参数 KeyCode 的值均为 65，因此该事件过程的输出为 Chr(65)，即大写字母"A"。

在第二个事件过程中，参数 KeyAscii 是所按键的 ASCII 码，如果直接按"A"键，则输入的是小写字母"a"，参数 KeyAscii 的值为 97；而如果在按住 Shift 键的同时按"A"键，则输入的是大写字母"A"，参数 KeyAscii 的值为 65。因此，当直接按"A"键时，该事件过程的输出为 Chr(97)，即小写字母"a"。

综上所述可知，程序运行后，如果按"A"键，则程序的输出结果为

A

a

【实验 3-6】　在窗体上画一个文本框和两个命令按钮，如图 3-5 所示。

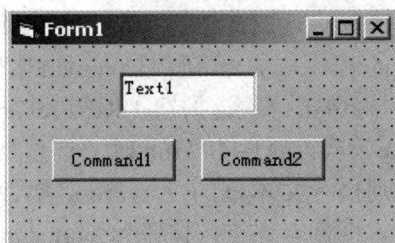

图 3-5　KeyPress 事件过程实验

编写如下程序：

```
Private Sub Form_Load()
    Text1.Text = ""
    Form1.KeyPreview = False
End Sub
Private Sub Command1_Click()
    KeyPreview = Not KeyPreview
    Print
End Sub
Private Sub Command2_Click()
    Text1.SetFocus
    Print
End Sub
Private Sub Form_KeyPress(KeyAscii As Integer)
    Print UCase(Chr(KeyAscii));
End Sub
Private Sub Text1_KeyPress(KeyAscii As Integer)
    Print Chr(KeyAscii);
    KeyAscii = 0
End Sub
```

阅读以上程序，理解每个事件过程的操作，然后回答以下问题。

(1) 程序运行后，直接从键盘上输入 abcdef，程序的输出是什么？

(2) 程序运行后，单击一次"Command1"，然后从键盘上输入 abcdef，程序的输出是什么？

(3) 程序运行后，单击两次"Command1"，单击一次"Command2"，然后从键盘上输入 abcdef，程序的输出是什么？

(4) 程序运行后，单击一次"Command1"，单击一次"Command2"，然后从键盘上输入 abcdef，程序的输出是什么？

(5) 程序运行后，单击两次"Command1"，然后从键盘上输入 abcdef，程序的输出是什么？

分析提示：该实验主要用来加深理解窗体的 KeyPreview 属性。在默认情况下，控件的键盘事件优先于窗体的键盘事件，因此在发生键盘事件时，总是先激活控件的键盘事件。如果希望窗体先接收键盘事件，则必须把窗体的 KeyPreview 属性设置为 True，否则不能激活窗体的键盘事件。在上面的程序中，按钮"Command1"的事件过程用来对窗体的 KeyPreview 属性值进行切换，每单击一次该按钮，KeyPreview 属性改变一次，即从 True 变为 False 或从 False 变为 True。当该属性为 True 时，首先执行的是窗体的 KeyPress 事件过程；如果该属性为 False，则执行文本框的 KeyPress 事件过程。而为了执行文本框的 KeyPress 事件过程，必须使文本框拥有焦点，按钮"Command2"的事件过程就是用来设置文本框的焦点。

【实验 3-7】 编写一个鼠标实时监控程序。使用鼠标画线时，在文本框中显示鼠标的坐标值。

分析提示：显示鼠标坐标值，应使用 MouseMove 事件中的 x、y 两个参数。使用鼠标画线，可以直接移动鼠标画线或按下左键时移动鼠标画线。

实验步骤：

(1) 建立应用程序用户界面。创建工程，在窗体上添加一个文本框。

(2) 设置对象属性。属性设置如表 3.5 所示。

表 3.5 对象属性设置

对　象	属　性	属　性　值
窗体	Caption	检测鼠标位置
文本框	Name	txtXY
	Text	""(空)

(3) 程序代码如下：

```
Private Sub Form_Load()
'定义鼠标形状和笔画粗细
    Me.MousePointer = 2
    Me.DrawWidth = 10
End Sub
Private Sub Form_MouseMove(Button As Integer, Shift As Integer, X As Single, Y As Single)
    PSet (X, Y), vbRed
    txtXY.Text = "x=" & Str(X) & "," & "y=" & Str(Y)
End Sub
```

还可以使用跟随鼠标移动的标签显示鼠标的坐标值。在窗体中添加一个标签控件 lblxy，并添加下列语句：

```
If Button = vbLeftButton Then
    PSet (X, Y), vbRed
    lblxy.Left = X
    lblxy.Top = Y
    lblxy.Caption = "x=" & Str(X) & "," & "y=" & Str(Y)
End If
```

运行结果如图 3-6 所示。

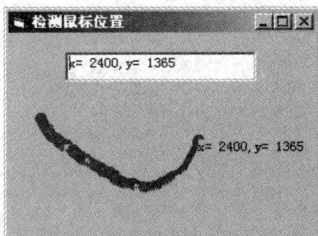

图 3-6 显示鼠标的当前坐标值

三、实训练习

(1) 编写程序，实现当按下鼠标左键时画线，按下鼠标右键时可以擦去所画的线。

提示：使用背景色画线就可以实现擦线效果。

(2) 在窗体上画一个文本框，然后编写程序。程序运行后，如果按下键盘上的 A、B、C、D(或 a、b、c、d)键，则在文本框中显示"EFGH"。

提示：可以增加一个命令按钮用来转移焦点，否则，从键盘上输入的字符将在文本框中显示。

实验 4   基本控制结构

4.1   顺 序 结 构

一、实验目的

(1) 掌握赋值语句的使用方法。

(2) 掌握数据输入、输出的各种方法。

(3) 掌握顺序结构程序设计方法。

二、实验内容及指导

【实验 4-1】 编程输入圆的半径，计算并输出圆的周长和面积。

用两种方法来实现。

方法一：用 Inputbox 函数实现圆半径的输入，用 Print 方法输出周长和面积。

实验步骤：

(1) 新建一个工程，在窗体中添加一个命令按钮(Command1)。

(2) 事件过程如下：

```
Private Sub Command1_Click()
    Const pi = 3.14
    Dim r As Single, l As Single, s As Single
    r = Val(InputBox("请输入圆的半径："))
    l = 2 * pi * r
    s = pi * r * r
    Print "圆的半径为："; r
    Print "圆的周长为："; l
    Print "圆的面积为："; s
End Sub
```

(3) 程序运行结果如图 4-1 所示。

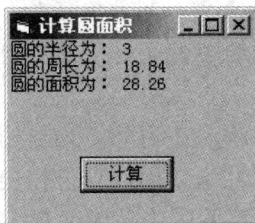

图 4-1   程序运行结果

方法二：用文本框控件实现半径的输入，用标签控件实现周长和面积的输出。

实验步骤:

(1) 程序运行界面如图 4-2 所示，图中各控件属性如表 4.1 所示。

```
┌─────────────────────────────┐
│ ■ Form1            _ □ ×     │
│                             │
│    半径=  ┌─────────────┐   │
│          │3            │   │
│          └─────────────┘   │
│    周长=  ┌─────────────┐   │
│          │18.84        │   │
│          └─────────────┘   │
│    面积=  ┌─────────────┐   │
│          │28.26        │   │
│          └─────────────┘   │
│                             │
│          ┌───────┐          │
│          │ 计算  │          │
│          └───────┘          │
└─────────────────────────────┘
```

图 4-2 程序运行界面

表 4.1 对象属性设置

对　象	属　性	属　性　值
标签 1	Caption	半径=
标签 2	Caption	周长=
标签 3	Caption	面积=
标签 4	Caption	" "(空字符串)
	BorderStyle	1-Fixed Single
标签 5	Caption	" "
	BorderStyle	1-Fixed Single
文本框	Text	" "
命令按钮	Caption	计算

(2) 部分参考程序如下，请自行补充完整。

```
Private Sub Command1_Click()
    Const pi = 3.14
    Dim r As Single
    _____
    Label4.Caption = 2 * pi * r
    Label5.Caption = pi * r * r
End Sub
```

【实验 4-2】 模拟进入某个系统之前的用户名校验，如果用户名校验通过，进入系统并在用户界面上显示欢迎字样；如果校验不能通过，则不能进入系统界面，并直接退出系统。

实验步骤:

(1) 设计用户界面。新建一个工程，在窗体(Form1)上添加一个标签框(Label1)，用于显示欢迎信息。设置窗体的 Caption 属性为"用户身份校验"。

(2) 初始化。在代码窗口的通用声明区中声明变量 UserName 和 Password，分别用于存储合法的用户名以及用户密码。如：用户名为"liming"，密码为"666666"，用户名和密码要求用 InputBox 函数由用户输入。

程序代码及相关变量说明如下：

```
Option Explicit
Dim UserName As String          '用户名变量
Dim Password As String          '密码变量
```

(3) 获取用户输入。在 Form 的 Form_Load 事件中继续添加如下代码获取用户输入：

```
UserName=InputBox("请输入您要登录的用户名称:", "定义登录的用户名", "")
Password=InputBox("请输入用户密码", "定义登录的用户身份密码","")
```

(4) 用户校验。判断是否为合法用户，如果不是合法用户，则显示警告信息并退出程序。

```
MsgBox "用户身份确认失败！退出系统", vbOKOnly, "警告"
```

(5) 合法用户进入系统。合法用户进入系统后可以显示欢迎信息。

```
Label1.Caption= "欢迎您！"+UserName + "先生"
```

(6) 调试运行。

```
Option Explicit
Dim UserName As String              '用户名变量。
Dim Password As String              '密码变量。
Private Sub Form_Load()
    UserName = InputBox("请输入您要登录的用户名称:", "定义登录的用户名", "")
    Password = InputBox("请输入用户密码", "定义登录的用户身份密码", "")
    If UserName = "liming" And Password = "666666" Then
    Label1.AutoSize=True
      Label1.Caption = "欢迎您！" + UserName + "先生"
    Else
        MsgBox "用户身份确认失败！退出系统",vbOKOnly, "警告"
    End If
End Sub
```

程序运行结果如图 4-3 所示。

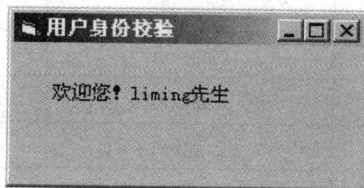

图 4-3　用户身份校验

三、实训练习

(1) 从键盘输入 4 个数，编写程序，计算并输出这 4 个数的和以及平均值。要求用两种方法实现。

(2) 从键盘输入 2 个数，编程实现互换两数的值。

(3) 改写上面的第二个程序。

要求：用文本框实现数据的输入和输出。

4.2 分 支 结 构

一、实验目的

(1) 掌握逻辑表达式及关系表达式的运算。
(2) 掌握 IF 语句行结构和块结构的正确书写格式及使用方法。
(3) 掌握多分支条件语句的使用。
(4) 掌握分支结构的嵌套。

二、实验内容及指导

【实验 4-3】 输入三个数，要求编程实现从小到大输出这三个数。

分析提示：把三个数分别放在 a、b、c 中，仿照求最大值的方法，先找出三个数中的最大值，再找出剩下两个数中的较大值，然后依次输出。

实验步骤：

(1) 设计如图 4-4 所示的程序界面。

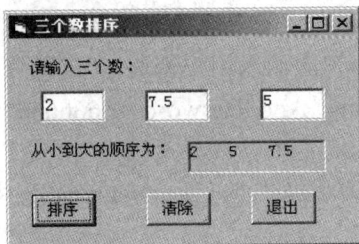

图 4-4　排序程序运行界面

(2) 要求按表 4.2 设置控件的属性。名称(Name)属性均设为默认值。

表 4.2　对象属性设置

对　象	属　性	属　性　值
标签 1	Caption	请输入三个数：
标签 2	Caption	从小到大的顺序为：
标签 3	Caption	" "(空字符串)
	BorderStyle	1-Fixed Single
文本框 1(Text 1)	Text	" "
文本框 2(Text 2)	Text	" "
文本框 3(Text 3)	Text	" "
命令按钮 1(Command 1)	Caption	排序
命令按钮 2(Command 2)	Caption	清除
命令按钮 3(Command 3)	Caption	退出

—28—

(3) 编写事件过程语句。

```
Private Sub Command1_Click()               '"排序"按钮的事件过程
    Dim a As Single, b As Single, c As Single
    a = Val(Text1.Text)
    b = Val(Text2.Text)
    c = Val(Text3.Text)
    If a > b Then t = a: a = b: b = t
    If a > c Then t = a: a = c: c = t
    If b > c Then t = b: b = c: c = t
    Label3.Caption = a & Space(4) & b & Space(4) & c
End Sub
Private Sub Command2_Click()               '"清除"按钮的事件过程
    Text1.Text = ""
    Text2.Text = ""
    Text3.Text = ""
    Label3.Caption = ""
    Text1.SetFocus                         'Text1 获得焦点
End Sub
Private Sub Command3_Click()               '"退出"按钮的事件过程
    End
End Sub
```

(4) 运行程序。

【实验 4-4】 从键盘输入 3 个数,判断这 3 个数能否构成三角形的三条边,若能构成三角形则计算该三角形的面积,否则提示出错信息。

分析提示:3 个数构成三角形三条边的充要条件是 3 个数均大于 0 且任意两条边之和大于第三边。

程序代码如下:

```
Private Sub Command1_Click()
    Dim a As Single, b As Single, c As Single
    Dim p As Single, s As Single
    a = Val(InputBox("请输入三角形的第一条边"))
    b = Val(InputBox("请输入三角形的第二条边"))
    c = Val(InputBox("请输入三角形的第三条边"))
    If a > 0 And b > 0 And c > 0 Then
        If a + b > c And a + c > b And b + c > a Then
            p = (a + b + c) / 2
            s = Sqr(p * (p–a) * (p–b) * (p–c))
            Print "三角形的三条边长为: "; a; b; c
```

```
                    Print "三角形的面积为："; s
            Else
                    Print "不能构成三角形！"
            End If
        Else
            Print "数据无效！"
        End If
    End Sub
```

【实验 4-5】 计算购货款。

输入购买商品的数量和单价，按如下优惠条件计算实际付款额(设应付款为 M)。

M<100(元) 时，无优惠；

100≤M<500 时，9 折优惠；

500≤M<2000 时，8 折优惠；

M≥2000 时，7 折优惠。

实验步骤：

(1) 界面设计如图 4-5 所示。

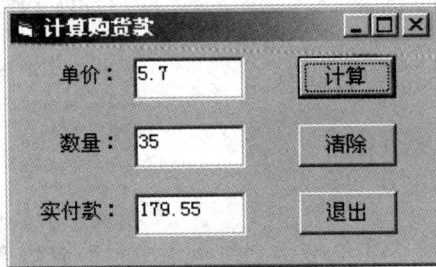

图 4-5　计算购货款

(2) 按表 4.3 设置各控件属性。

表 4.3　对象属性设置

对　象	属　性	属　性　值
标签 1	Caption	单价：
标签 2	Caption	数量：
标签 3	Caption	实付款：
文本框 1(Text 1)～文本框 3(Text 3)	Text	" "
命令按钮 1(Command 1)	Caption	计算
命令按钮 2(Command 2)	Caption	清除
命令按钮 3(Command 3)	Caption	退出

(3) 编写事件过程语句。

```
Private Sub Command1_Click()              ' "计算" 按钮的事件过程
    Dim dj As Single, total As Single
    Dim sl As Integer
    dj = Val(Text1.Text)
    sl = Val(Text2.Text)
    total = dj * sl
    Select Case total
        Case Is < 100
            total = total
        Case Is < 500
            total = total * 0.9
        Case Is < 2000
            total = total * 0.8
        Case Else
            total = total * 0.7
    End Select

    _____

End Sub
Private Sub Command2_Click()              ' "清除" 按钮的事件过程
    Text1.Text = ""
    Text2.Text = ""
    Text3.Text = ""
    Text1.SetFocus
End Sub
Private Sub Command3_Click()              ' "退出" 按钮的事件过程
    End
End Sub
```

请自行将程序补充完整。

(4) 保存并运行程序。

【实验 4-6】 输入年、月，输出该月份的天数。

分析提示：凡是 1、3、5、7、8、10、12 月，每月 31 天；凡是 4、6、9、11 月，每月 30 天；2 月份闰年 29 天，平年 28 天。

下面采用 Select Case 语句完成不同天数的选择。

实验步骤：

(1) 界面设计如图 4-6 所示。其中图(a)和图(b)分别是程序的两种不同的运行结果。

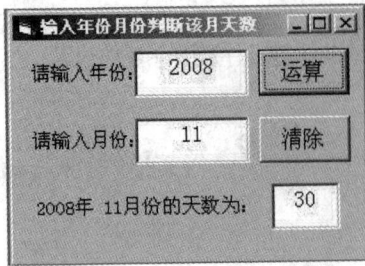
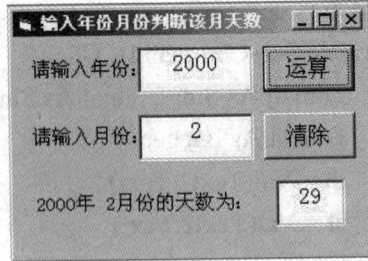

(a) 结果一   (b) 结果二

图 4-6　程序运行结果

(2) 按表 4.4 设置各控件的属性。

表 4.4　对象属性设置

对　象	属　性	属　性　值
窗体	Caption	输入年份和月份判断该月天数
标签 1	Caption	请输入年份：
标签 2	Caption	请输入月份：
标签 3	Caption	" "
文本框 1(Text 1)～文本框 3(Text 3)	Text	" "
命令按钮 1(Command 1)	Caption	运算
命令按钮 2(Command 2)	Caption	清除

(3) 编写事件过程程序。

"运算"按钮的事件过程如下：

```
Private Sub Command1_Click()
    Dim year As Integer, mon As Integer, days As Integer
    year = Val(Text1.Text)
    mon = Val(Text2.Text)
    Select Case mon
        Case 1, 3, 5, 7, 8, 10, 12
            days = 31
        Case 4, 6, 9, 11
            days = 30
        Case 2
            If year Mod 400 = 0 Then
                days = 29
            ElseIf year Mod 4 = 0 And year Mod 100 <> 0 Then
                days = 29
```

```
            Else
                days = 28
            End If
        End Select
        Label3.Caption = Str$(year) + "年" + Str$(mon) + "月份的天数为："
        Text3.Text = days
    End Sub
    "清除"按钮的事件过程如下：
    Private Sub Command2_Click()
        Text1.Text = ""
        Text2.Text = ""
        Text3.Text = ""
        Text1.SetFocus
    End Sub
```

(4) 保存并运行程序。

三、实训练习

(1) 从键盘输入一个数，判断它的奇偶性。

(2) 从键盘输入一个字符，判断该字符是数字、字母还是其他字符。若是数字，判断其奇偶性；若是字母，判断是大写字母还是小写字母。

提示：利用 ASCII 码值来判断。

(3) 输入一个年份，判断该年是否为闰年。

提示：能被 400 整除，或者能被 4 整除而不能被 100 整除的年份是闰年。

(4) 设计一个程序，从键盘输入学生分数，统计学生总人数和各分数段的人数，即优秀 (90~100 分)、良好(80~89 分)、中等(70~79 分)、及格(60~69 分)、不及格(59~0 分)的人数。

提示：由于无人数限制，因此可设一个输入标志如"-1"，即当输入"-1"时表示输入结束。

4.3 循 环 结 构

一、实验目的

(1) 掌握 For 语句的使用方法。

(2) 掌握 While 语句的使用方法。

(3) 掌握 Do…Loop 语句的使用方法。

(4) 熟练掌握循环条件设置及循环的控制方法。

二、实验内容及指导

【实验 4-7】 计算 $2^n(n \geqslant 0)$。

分析提示：输入 n 的值，利用循环实现 n 个 2 相乘。

实验步骤：

(1) 事件过程如下：

```
Private Sub Command1_Click()
    Dim i As Integer
    Dim s As Single
    s = 1
    n = Val(InputBox("请输入一个大于 0 的数："))
    For i = 1 To n
        s = s * 2
    Next i
    Print "s="; s
End Sub
```

(2) 把上例用 Do…Loop 语句实现。

【实验4-8】 输出100～150之间不能被 3 整除的数。

(1) 事件过程如下：

```
Private Sub Form_Click()
    Dim i%, count%                    ' count用作计数器，统计输出项的个数
    i = 100: count = 0
    Do While i <= 150
        If i Mod 3 <> 0 Then
            Print i;
            count = count + 1
            If count Mod 5 = 0 Then Print
        End If
        i = i + 1
    Loop
End Sub
```

(2) 程序运行结果如图 4-7 所示。

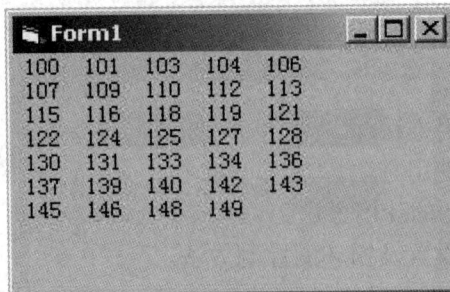

图 4-7　100～150 之间不能被 3 整除的数

三、实训练习

(1) 输出 100 以内的所有素数。

(2) 输出如下矩阵图形：

```
1    2    3    4    5
6    7    8    9    10
11   12   13   14   15
```

提示：用 For 循环的嵌套实现。

(3) 输出如下图形。

```
    *
   ***
  *****
 *******
*********
 *******
  *****
   ***
    *
```

实验 5　数　　组

5.1　一维数组的应用

一、实验目的

(1) 掌握一维数组的声明。

(2) 掌握数组元素的引用、赋值。

(3) 学会利用数组解决一些较为复杂的问题。

二、实验内容及指导

【实验 5-1】　通过键盘输入 10 个数给数组，并将 10 个数及其序号分两行输出到窗体上。参考界面如图 5-1。

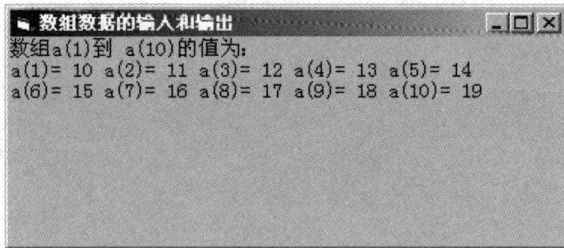

图 5-1　数组数据的输入和输出

实验步骤：

(1) 界面设计，将窗体 Form1 的 Caption 属性设置为"数组数据的输入和输出"。

(2) 在代码窗口中编写窗体的单击事件过程，代码如下：

```
Private Sub Form_Click()
    Dim a(1 To 10) As Integer
    For i = 1 To 10
        a(i) = InputBox("请输入数组的" & i & "个元素")
    Next i
    Print "数组 a(1)到 a(10)的值为："
    For i = 1 To 10
        Print "a(" & i & ")="; a(i);
        If i Mod 5 = 0 Then Print
    Next i
End Sub
```

(3) 保存并运行程序。

【实验 5-2】 输入 10 名学生的成绩，查找最高分和最低分。

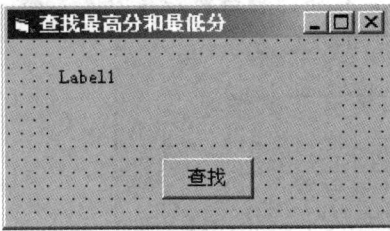

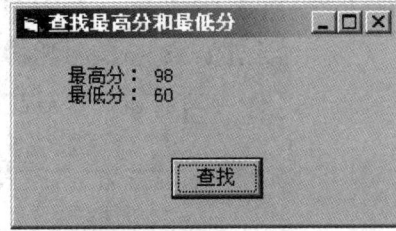

    (a) 设计界面   (b) 程序运行结果

图 5-2 查找最高分和最低分

实验步骤：

(1) 建立如图 5-2(a)所示的窗体界面。窗体包括一个标签、一个命令按钮，其中 Command1 的 Caption 属性值为"查找"。

(2) 编写通用程序：

```
Option Base 1
Dim score As Variant                              '定义可变类型数组
```

(3) 编写窗体装入事件过程：

```
Private Sub Form_Load()
      Label1．Caption = "单击"查找"按钮开始查找最高分和最低分"
      score = Array(89, 96, 81, 67, 78, 90, 60, 85, 98, 83)   ' 用 Array 函数给数组赋值
End Sub
```

(4) 编写"查找"命令按钮的单击事件过程：

```
Private Sub Command1_Click()
      Dim max As Integer, min As Integer
      max = score(1)                              ' 设定初值
      min = score(1)
      For i = 2 To 10
        If max < score(i) Then                    ' 找最高分
          max = score(i)
        End If
        If min > score(i) Then                    ' 找最低分
          min = score(i)
        End If
      Next i
      Label1．Caption = "最高分： " + Str(max) + Chr(13) + "最低分： "
                        + Str(min) 'Chr(13)起换行作用
    End Sub
```

(5) 保存并运行程序。

.

【实验5-3】 使用随机函数产生10个10～100之间的随机整数存放在一维数组A中，并把该数组排序后显示在一个文本框里。要求插入一个数据到数组 A 中，使数组仍然有序。要求设计的界面如图 5-3 所示。下面给出部分程序，自行将程序补充完整。

图 5-3   程序运行界面

分析提示：在通用程序中定义数组 A，单击"排序输出"命令按钮，给数组赋值并排序。在文本框"插入数据"中输入插入数据 d，单击插入命令，将插入数据与数组中的数据比较，找出插入位置，并将该值输出到 Text4 中，同时赋值给变量 m。对数组进行插入操作时，需将数组 A 中的元素从 A(m)起到最后一个元素都向后移动一个位置，然后将 d 赋给 A(m)。

实验步骤：

(1) 代码窗口的通用部分程序。

    Dim A(1 To 11) As Integcr   ' 定义共用整型数组

(2) 编写"排序输出"命令按钮的单击事件过程：

    Private Sub Command1_Click()   '

    Dim i as integer

        Randomize

            For i = 1 To 10

              A(i) = Int(Rnd * 90 + 10)   '产生取值范围在10～100之间的随机数

            Next i

        '请在下面空白处将程序补充完整。

    ────────────────────

    For i = 1 To 10

        Text1.Text = Text1.Text & Str(A(i))   '排序后数组的文本框显示

    Next i

    End sub

(3) 编写"插入"命令按钮的单击事件过程：

    Private Sub Command2_Click()

        Dim d As Integer, m As Integer

        Dim k As Integer, i As Integer

        d = Val(Text3.Text)   '输入插入数

─38─

```
For i = 1 To 10                         '找出插入位置
    If d < A(i) Then m = i: Exit For
Next i
Text4．Text = m
for i=10 To m step −1                   'm 到第 10 个数向后移动一位
```

```
A(m) = d                                '插入数据
For i = 1 To 11
    Text2．Text = Text2．Text & Str(A(i))    '进行数组的文本框显示
Next i
End Sub
```

(4) 保存并运行程序。

三、实训练习

(1) 随机产生 10 个 100～200 之间的正整数，把它们存放到数组中，求该数组中最大数、最小数及它们的平均数。

(2) 使用随机函数产生 10 个 10～100 之间的随机整数存放在一维数组 A 中，并把该数组排序后显示在一个文本框里。删除其中一个数，并使数组仍然有序。要求设计的界面如图 5-4 所示。

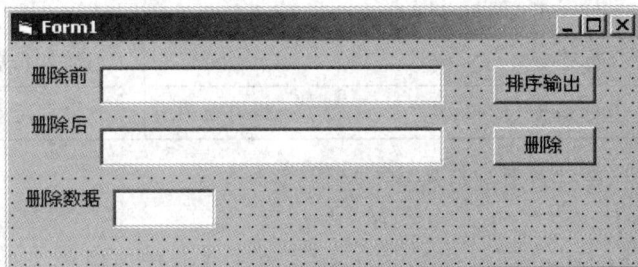

图 5-4　练习 2 程序界面

5.2　二维数组的应用

一、实验目的

(1) 掌握二维数组的声明。

(2) 掌握二维数组元素的引用、赋值。

二、实验内容及指导

【实验 5-4】 有一个 2×4 的矩阵，要求求出矩阵中最大元素的值及其所在的行号和列号。

实验步骤：

(1) 界面设置。在窗体界面上设置 3 个标签控件、3 个文本框控件和 1 个命令按钮。建立如图 5-5 所示的窗体界面。

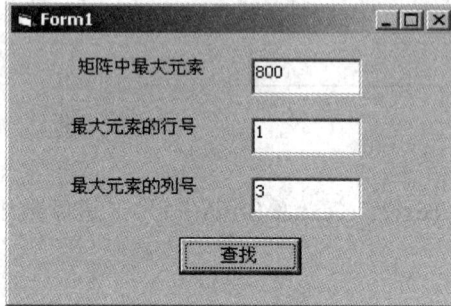

图 5-5　程序运行界面

(2) 属性设置。属性设置如表 5.1 所示。

表 5.1　对象属性设置

对　　象	属　性	属　性　值
文本框 1(Text 1)～文本框 3(Text 3)	Text	" "(空)
命令按钮 1(Command 1)	Caption	查找
标签 1	Caption	矩阵中最大元素
标签 2	Caption	最大元素的行号
标签 3	Caption	最大元素的列号

(3) 在代码窗体中编写通用部分程序。

```
Option Base 1
Dim a(2, 4) As Integer                    '定义共用数组
```

(4) 编写"计算"命令按钮程序如下：

```
Private Sub Command1_Click()
Dim amax As Integer, rowmax As Integer, colmax As Integer
amax = 0
For i = 1 To 2
    For j = 1 To 4
        If a(i, j) > amax Then            '求出最大元素
            amax = a(i, j)
            rowmax = i                    '保存最大元素所在的行号
```

```
            colmax = j                        ' 保存最大元素所在的列号
          End If
        Next j
      Next i
      Text1．Text = amax
      Text2．Text = rowmax
      Text3．Text = colmax
  End Sub
  Private Sub Form_Load()
      a(1, 1) = 100: a(2, 1) = 200          ' 给数组元素赋值
      a(1, 2) = 500: a(2, 2) = 100
      a(1, 3) = 800: a(2, 3) = 600
      a(1, 4) = 700: a(2, 4) = 400
  End Sub
```

(5) 保存并运行程序。

【实验 5-5】 编写程序。实现单击命令按钮 Command1 时，形成并输出一个主对角线元素值为 A、其他元素值为 B 的 9×9 阶方阵。如图 5-6 所示。

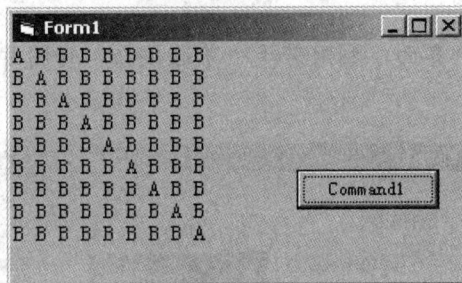

图 5-6　程序运行界面

实验步骤：

(1) 设方阵是一个 x 的二维数组，其中 i 代表行，它由 1~9 共 9 个数组成，j 代表列，也从 1 到 9。其中主对角线上的值为 A，其他对角线上的值为 B。

(2) 这里使用两层循环，给数组赋值。

(3) 部分参考程序如下，请将程序补充完整。

```
Private Sub Command1_Click()
Dim x(9, 9)
For i = 1 To 9
    For j = 1 To 9
    ' 给数组元素赋值


    _____

        Print x(i, j); " ";
```

```
            Next j
        Print
    Next i
End Sub
```

(4) 保存并运行程序。

三、实训练习

(1) 建立并输出一个 10×10 的矩阵，该矩阵对角线元素为 1，其余元素为 0。

(2) 求两个 5×5 的矩阵 A 和 B 的和。(提示：将矩阵 A 和 B 相应位置上的元素相加后放到矩阵 C 的相应位置即可。)

5.3 控件数组的应用

一、实验目的

学会控件数组的创建方法和控件数组的实际应用。

二、实验内容及指导

【实验 5-6】 设计一个界面，利用若干个单选按钮，对图片区域设置不同的背景色。要求界面设计如图 5-7 所示。

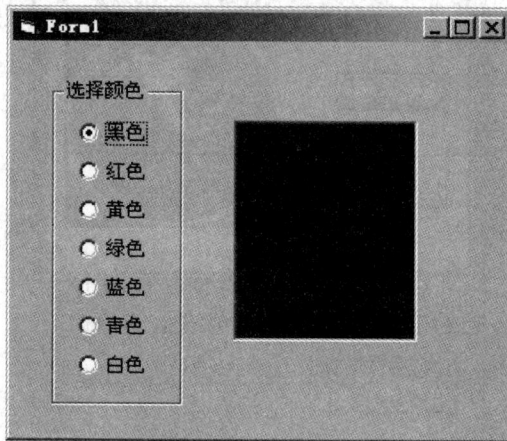

图 5-7 控件数组界面

分析提示：本题的目的是练习控件数组编程。对于控件数组中的每一个控件，唯一的标识是该数组的 Index 属性值。该值是建立控件数组时，由系统按照建立控件的顺序，自动分配给每个数组元素的。当单击某个单选按钮时，控件数组的 Index 属性值自动改变成该选定控件的 Index 值，以表示当前选中的控件元素。

实验步骤：

(1) 界面设计。在窗体中按照图 5-7 所示设计界面，包括一个图片框，一个框架，单选按钮数组。它们的属性设置见表 5.2。

表 5.2　窗体属性设置

对　象	属　性	属　性　值
控件数组 Option1(0)～Option1(6)	Caption	数组属性值分别为：黑色、红色、黄色、绿色、蓝色、青色、白色
图片框(Picture 1)	Picture	空
框架(Frame 1)	Caption	选择颜色

(2) 控件数组的添加。单选按钮数组的添加，可以在框架控件中先添加第一个单选按钮，选中该按钮，进行复制，粘贴后系统会弹出提示对话框，确认后即创建了控件数组。

(3) 控件数组的单击事件程序如下：

```
Private Sub Option1_Click(Index As Integer)
    Select Case Index
        Case 0
            Picture1.BackColor = vbBlack
        Case 1
            Picture1.BackColor = vbRed
        Case 2
            Picture1.BackColor = vbYellow
        Case 3
            Picture1.BackColor = vbGreen
        Case 4
            Picture1.BackColor = vbBlue
        Case 5
            Picture1.BackColor = vbCyan
        Case 6
            Picture1.BackColor = vbWhite
    End Select
End Sub
```

(4) 保存并运行程序。

【实验 5-7】　建立有 1 个成员的命令按钮数组 Command1。程序运行时，如果单击设计时绘制的命令按钮，将动态地为 Command1 数组添加一个元素，并设置新元素的 Caption 值为"我是复制品"。如果单击动态产生的命令按钮，则不会创建新的命令按钮，并在对话框中显示"请不要用复制品复制"。

分析提示：控件数组可以在设计时通过复制、粘贴建立，也可以在程序运行时添加。在编程时用"Load 控件名"命令添加其余的若干个元素。新添加的控件数组可以通过设置 Left 和 Top 属性，确定其在窗体的位置。本题就采用 Load 方法添加其他命令按钮。

实验步骤:

(1) 界面设计。在窗体中添加一个命令按钮,设置其 Caption 属性值为"正品",并将 Index 属性值设置为 0。程序运行界面如图 5-8 所示。

图 5-8 程序运行界面

(2) 创建 Command1 控件数组,在程序运行时添加其他 Command1。

(3) 部分参考程序如下,请将程序补充完整。

```
Private Sub Command1_Click(Index As Integer)
    Static k As Integer
    If Index < 1 Then
    k=k+1
        _____        '添加命令按钮的其他控件
        With Command1(k)
            .Visible = True: .Left = Command1(k−1).Left + Command1(k−1).Width
            .Top = Command1(k - 1).Top: .Caption = "我是复制品"
        End With
    Else
        _____        '弹出对话框
    End If
End Sub
```

三、实训练习

参照本章实验,设计一个按钮控件数组应用程序,改变窗体文本框的背景色。

实验 6 过 程

6.1 Sub、Function 过程

一、实验目的

(1) 掌握 Sub、Function 过程的定义及其调用方法。

(2) 掌握参数传递的两种方式。

二、实验内容及指导

【实验 6-1】 编写过程，判断一个数是奇数还是偶数。

实验步骤：

(1) 界面设计。在窗体界面上添加 1 个文本框、2 个标签和 3 个命令按钮，如图 6-1 所示。

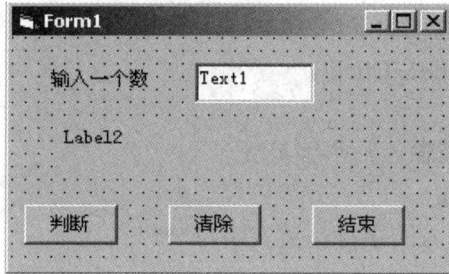

图 6-1 判断数的奇偶

(2) 在代码窗口编写子过程如下：

```
Private Sub even(num As Integer)
    If num Mod 2 = 0 Then
        Label2.Caption = "该数是偶数"
    Else
        Label2.Caption = "该数是奇数"
    End If
End Sub
```

(3) 三个命令按钮的单击事件如下：

```
Private Sub Command1_Click()          '主调过程
    Dim n As Integer
    n = Val(Text1.Text)
```

```
        Call even(n)
    End Sub
    Private Sub Command2_Click()        '完成清除功能
        Text1.Text = ""
        Label2.Caption = ""
        Text1.SetFocus
    End Sub
    Private Sub Command3_Click()        '结束程序
        End
    End Sub
```

(4) 编写判断一个数是奇数还是偶数的 function 过程。

---

(5) 保存并运行程序。

【实验 6-2】 判断输入的字符是不是英文字母。

分析提示：英文字母有大小写之分，只要将该字符转换为大写(或小写)，再判断是不是处于"A"~"Z" (或"a"~"z")范围内，若是则是英文字母，否则不是。

实验步骤：

(1) 界面设计。在窗体界面上添加 1 个命令按钮。

(2) 在代码窗口编写子过程如下：

```
    Private Sub Command1_Click()
        Dim s As String
        s = InputBox("请输入一个字符")
        If   Char(s) Then
            Print "***输入的字符是英文字母***"
        Else
            Print "***输入的字符不是英文字母***"
        End If
    End Sub
    Function Char(p As String) As Boolean
        Dim c As String
        c = UCase(p)
        If   "A" <= c   And   c <= "Z" Then
            Char = True
        Else
            Char = False
        End If
    End Function
```

—46—

【**实验 6-3**】 设置两个通用过程 test1 和 test2，分别按值传递和按地址传递。
通过事件过程的调用，观察参数值的变化。

实验步骤：

(1) 界面设计。在窗体界面上添加 3 个文本框、3 个标签和 1 个命令按钮，如图 6-2 所示。

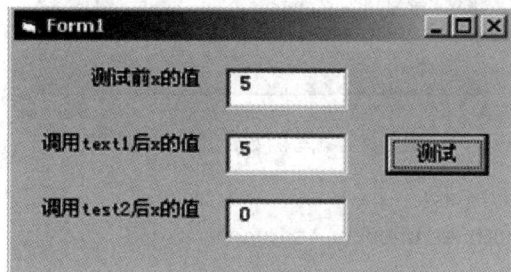

图 6-2　参数传递测试

(2) 在代码窗口编写子程序，其中两个形式参数一个要求为"按地址"传递实参，一个要求是按"值"传递实参。

```
Sub test1(ByVal t As Integer)
    t = t + 5
End Sub
Sub test2(s As Integer)
    s = s−5
End Sub
```

(3) 编写"测试"按钮单击事件程序。

```
Private Sub Command1_Click()
    Dim x As Integer
    x = 5
    Text 1.text=x
    Call test1(x)
    Text 2.text=x
    Call test2(x)
    Text 3.text=x
End Sub
```

(4) 保存并运行程序。

(5) 写出两种参数传递的特点：

————————————————

【**实验 6-4**】 编写 function 过程，计算 6! + 8! 的值。

实验步骤：

(1) 设计界面。窗体界面上添加 2 个标签和 1 个命令按钮。运行界面如图 6-3 所示。

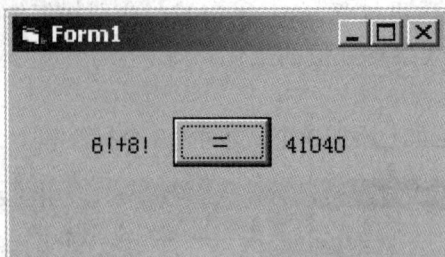

图 6-3　编写函数计算阶乘的和

(2) 自定义过程求 n 的阶乘：

```
Private Function jc(n As Integer) As Long
    Dim i As Integer
    t = 1
    For i = 1 To n
        t = t * i
    Next i
        jc = t
End Function
```

(3) 命令按钮的单击事件过程如下：

```
Private Sub Command1_Click()
    Dim y As Long, s As Long
        s = jc(6) + jc(8)
        Label2.Caption = s
    End Sub
```

(4) 运行程序，可得到图 6-3 所示结果。

(5) 编写 Sub 过程完成此程序。

─────────────────

【实验 6-5】 打印一个用符号组成的直角三角形图案。

该过程有两个形式参数：参数 str 用于指定组成三角形的字符；参数 n 用于指定直角三角形图案的行数。运行界面如图 6-4 所示。

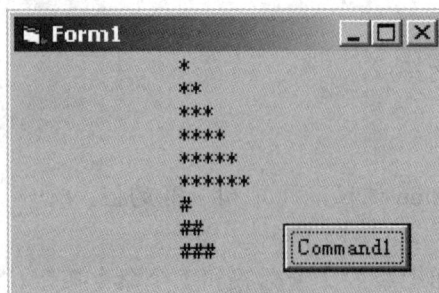

图 6-4　三角形图案输出

实验步骤：

(1) 设计界面，在窗体上添加 1 个命令按钮。

(2) 窗体模块中命令按钮的事件过程如下：

```
Private Sub Command1_Click()
    Dim cha As String * 1, num As Integer
    num = InputBox("输入直角三角形图案的行数")
    cha = "*"
    Call triangle(cha, num)
    cha = "#"
    triangle cha, num / 2
End Sub
```

(3) 编写子过程，其功能是打印任意规模的、由任意符号组成的直角三角形图案。

————————————————

(4) 保存并运行程序。

三、实训练习

(1) 参照实验 6-4，求组合数 $C_m^n = \dfrac{m!}{n! * (m-n)!}$ 的值。

(2) 编写过程求三个数中的最大数。

6.2　递归调用程序设计

一、实验目的

(1) 掌握递归的概念和使用方法。

(2) 学会利用递归解决一些实际问题。

二、实验内容及指导

【实验 6-6】 有 5 个人坐在一起。问第 5 个人的岁数，他说比第 4 个人大 2 岁；问第 4 个人的岁数，他说比第 3 个人大 2 岁；问第 3 个人的岁数，他说比第 2 个人大 2 岁；第 2 个人说他比第 1 个人大 2 岁；最后问第 1 个人，他说他是 8 岁。请问第 5 个人有多大岁数。

分析提示： 要想知道第 5 个人的年龄，就必须知道第 4 个人的年龄，而要知道第 4 个人的年龄，就必须先知道第 3 个人的年龄，要知道第 3 个人的年龄，就必须先知道第 2 个人的年龄，要知道第 2 个人的年龄，就必须先知道第 1 个人的年龄，可以列出如下公式：

$$age(n) = \begin{cases} 8 & n = 1 \\ age(n-1) + 2 & n > 1 \end{cases}$$

实验步骤：

(1) 设计界面，其中包括 1 个文本框和 1 个标签。

(2) 编写函数子程序如下：

```
Function age(n As Integer)
    If n = 1 Then
        age = 8
    Else
        age = age(n−1) + 2
    End If
End Function
```

(3) 编写窗体的单击事件程序。

```
Private Sub Form_Click()
    Text1.Text = age(5)
End Sub
```

(4) 保存并运行程序。程序运行结果如图 6-5 所示。

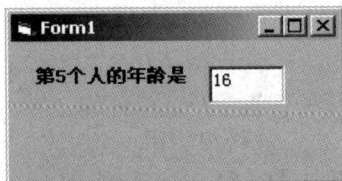

图 6-5   用递归计算年龄

【**实验 6-7**】   用递归过程编写 *a* 和 *b* 的最大公约数。

分析提示： 最大公约数是指能同时除尽两个整数的最大的整数。例如：4 和 6 的最大公约数是 2。求两个整数的最大公约数的方法：如果 *a* 除以 *b* 的余数为零，则 *b* 为最大公约数；否则辗转相除，直到余数为零，此时的除数为最大公约数。递归公式：

$$a \text{ 与 } b \text{ 的最大公约数} = \begin{cases} b & a\%b = 0 \\ b \text{ 与 } (a\%b) \text{ 的最大公约数} & a\%b <> 0 \end{cases}$$

实验步骤：

(1) 设计如图 6-6 所示的界面，其中包括 3 个文本框、1 个标签和 1 个命令按钮。

图 6-6   求最大公约数

(2) 编写函数子程序如下：

```
Function gy(a As Integer, b As Integer) As Integer
    If a Mod b = 0 Then
        gy = b
    Else
        gy = gy(b, a Mod b)
    End If
End Function
```

(3) 编写完成命令按钮的单击事件程序。

_____

(4) 保存并运行程序。

三、实训练习

编写程序，用递归方法计算 $n!$。

实验7 常用控件

7.1 选择类控件

一、实验目的

(1) 掌握单选按钮、复选框的常用属性、主要事件和方法。

(2) 掌握框架的功能。

(3) 掌握单选按钮、复选框及框架的综合应用。

二、实验内容及指导

【实验7-1】 设置文本框中文字的样式、颜色、字号。运行界面如图7-1所示。

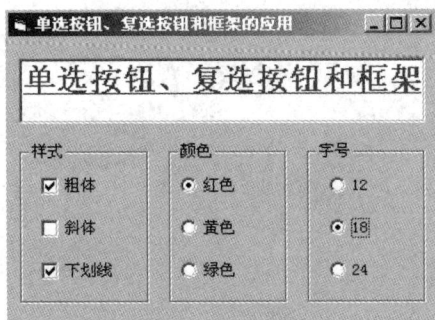

图 7-1 单选按钮、复选按钮和框架的应用

分析提示：在设计如图 7-1 所示的界面时，要先创建框架对象，然后再往框架区域内放置复选框对象或单选按钮对象，这样框架才能成为复选框和单选按钮的容器控件，否则分组无效。

实验步骤：

(1) 创建如图 7-1 所示的应用程序界面。在窗体(Form1)上添加 1 个文本框(Text1)、3 个框架及 1 组复选框、2 组单选按钮。

(2) 设置各控件的属性。其中复选框组的 Name 属性分别为 ChkStyle1、ChkStyle2、ChkStyle3，用来设置文本框中文字的样式；颜色组单选按钮的 Name 属性分别为 OptColor1、OptColor2、OptColor3，用来设置文字的颜色；字号组单选按钮的 Name 属性分别为 OptFontSize1、OptFontSize2、OptFontSize3，用来设置文字字号。

(3) 部分参考程序如下，请将程序补充完整。

```
    Private Sub ChkStyle1_Click()
        Text1.FontBold = ChkStyle1.Value
```

```
      End Sub
      Private Sub ChkStyle2_Click()
          Text1.FontItalic = ChkStyle2.Value
      End Sub
      Private Sub ChkStyle3_Click()
          Text1.FontUnderline = ChkStyle3.Value
      End Sub
      Private Sub OptColor1_Click()
          If OptColor1.Value = True Then Text1.ForeColor = _____
      End Sub
      Private Sub OptColor2_Click()
          If OptColor2.Value = True Then Text1.ForeColor = vbYellow
      End Sub
      Private Sub OptColor3_Click()
          If OptColor3.Value = True Then Text1.ForeColor = vbGreen
      End Sub
      Private Sub OptFontSize1_Click()
          If OptFontSize1.Value = True Then Text1.FontSize = 12
      End Sub
      Private Sub OptFontSize2_Click()
          If OptFontSize2.Value = True Then Text1.FontSize = 18
      End Sub
      Private Sub OptFontSize3_Click()
          If OptFontSize3.Value = True Then Text1.FontSize =_____
      End Sub
```

【实验 7-2】 编程实现字体控制。

设窗体中包含一组单选按钮、一组复选框。单选按钮包括普通、粗体、斜体和粗斜体四种字形。选择框提供对删除线和修饰效果的选择。在文本框中输入文字后，单击某个按钮，文本框中的文字将按照所选择的选项进行设置。编写各按钮的 Click 事件过程代码。运行结果如图 7-2 所示。

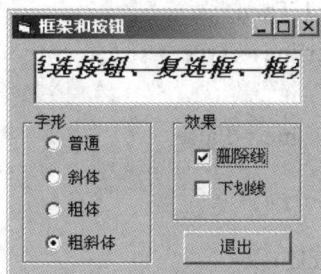

图 7-2　实验 7-2 的运行结果

实验步骤：

(1) 创建如图 7-2 所示的应用程序界面。在窗体(Form1)上添加 1 个文本框(Text1)、1 个命令按钮、2 个框架及 1 组单选按钮、1 组复选框。

(2) 参照图 7-2 设置各控件的 Name、Caption 等属性。

(3) 请编写粗体、斜体、粗斜体等单选按钮和"删除线"复选框的 Click 事件过程代码，并调试运行。

```
            Private Sub OptFont1_Click()          ' 普通
                TxtBox.FontBold = False
                TxtBox.FontItalic = False
            End Sub
            Private Sub OptFont2_Click()          ' 斜体



            End Sub
            Private Sub OptFont3_Click()          ' 粗体



            End Sub
            Private Sub OptFont4_Click()          ' 粗斜体



            End Sub
            Private Sub ChkStyle1_Click()          ' 删除线






            End Sub
            Private Sub ChkStyle2_Click()          ' 下划线
                If ChkStyle2.Value = 1 Then
                    TxtBox.FontUnderline = True
                Else
                    TxtBox.FontUnderline = False
                End If
            End Sub
            Private Sub CmdEnd_Click()
                End
            End Sub
```

三、实训练习

通过单选按钮设置文本框的前景色、背景色及字号大小。利用复选框设置文本框(Multilines 属性为 True)中的文字效果。用框架对单选按钮和复选框进行分组，运行结果如图 7-3 所示。

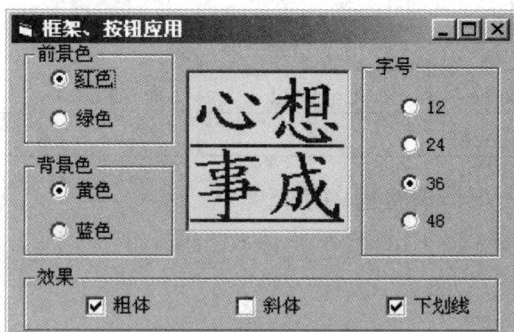

图 7-3 框架、按钮的应用

7.2 列 表 类 控 件

一、实验目的

(1) 了解列表框、组合框在程序中的应用。

(2) 掌握列表框、组合框的特点及创建方法。

(3) 熟练掌握列表框、组合框的主要属性及常用方法和重要事件。

二、实验内容及指导

【实验 7-3】 列表框的应用。

设计界面如图 7-4 所示。程序实现的主要功能是：当单击"添加"按钮时，文本框中所填的内容被添加到列表框中；当选中列表框中的某个项目并单击"删除"按钮时，该项目被从列表框中删除。

实验步骤：

(1) 按照图 7-4 设计应用程序界面。

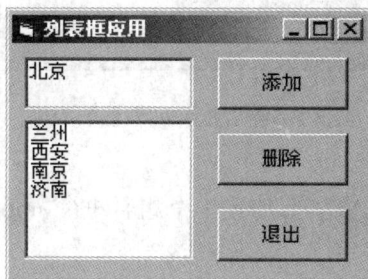

图 7-4 列表框的应用

(2) 进行窗体上控件的属性设置。对象属性设置如表 7.1 所示。

表 7.1　对象属性设置

对　象	属　性	属性值	对　象	属　性	属性值
窗体(Form1)	Caption	列表框应用	命令按钮2	Name	CmdDel
文本框(Text 1)	Text	" "(空)		Caption	删除
列表框(List1)	List	" "(空)	命令按钮3	Name	CmdEnd
命令按钮1	Name	CmdAdd		Caption	退出
	Caption	添加			

(3) 部分参考程序如下，请将程序补充完整。

```
Private Sub CmdAdd_Click()          '"添加"项目

    _____

    Text1.Text = ""
    Text1.SetFocus
End Sub
Private Sub CmdDel_Click()          '"删除"项目
    If List1.ListIndex <> -1 Then
        List1.RemoveItem List1.ListIndex
    End If
End Sub
Private Sub CmdEnd_Click()          ' 退出

    _____

End Sub
```

【实验 7-4】 调试以下代码。运行得到如图 7-5 所示的运行结果。

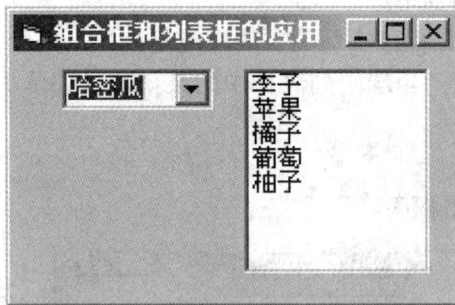

图 7-5　组合框和列表框的应用

实验步骤：

(1) 创建应用程序界面。在窗体上放置 1 个组合框(Combo1)和 1 个列表框(List1)。

(2) 编写程序代码如下：

```
Private Sub Form_Load()
    Combo1.AddItem "西瓜": Combo1.AddItem "苹果": Combo1.AddItem "橘子"
```

```
    Combo1.AddItem "葡萄":Combo1.AddItem "哈密瓜": Combo1.AddItem "火龙果"
Combo1.AddItem "柚子": Combo1.List(0) = "李子": Combo1.List(7) = "猕猴桃"
End Sub
Private Sub Combo1_KeyPress(KeyAscii As Integer)
    Dim i As Integer
    If KeyAscii = 13 Then
        For i=0 To Combo1.ListCount – 1 ' 将名称长度小于 3 的水果名添加到 List1 中
            If Len(Trim(Combo1.List(i))) < 3 Then List1.AddItem Combo1.List(i)
        Next i
    End if
End Sub
```

(3) 写出该应用程序的主要功能。

【实验 7-5】 组合框的应用。

设计界面如图 7-6(a)所示的"组合框的应用",标签提示"我最感兴趣的课程是什么？"。在组合框中选择某项时，标签的内容相应地发生变化，如图 7-6(b)所示。

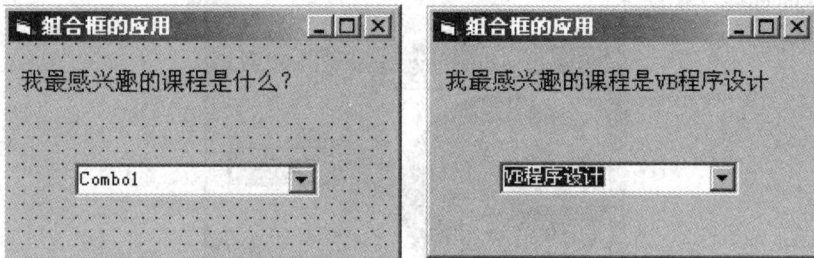

(a) 设计界面   (b) 运行界面

图 7-6 实验 7-5 界面

实验步骤：

(1) 创建应用程序界面。

(2) 设置标签(Label1)的 Caption 属性为"我最感兴趣的课程是什么？"。

(3) 编写窗体(Form1)的 Load 事件过程，对组合框进行初始化。

```
Private Sub Form_Load()
    Combo1.AddItem "机械制图"
    Combo1.AddItem "VB 程序设计"
    Combo1.AddItem "Flash 动画设计"
    Combo1.AddItem "图形图像处理"
    Combo1.AddItem "微机原理"
End Sub
```

(4) 编写组合框(Combo1)的 Click 事件过程。

7.3 图形控件和其他控件

一、实验目的

(1) 掌握图片框、图像框的常用属性和主要方法。
(2) 掌握定时器、滚动条的创建及常用属性的设置。
(3) 掌握定时器的 Timer 事件和滚动条的 Scroll、Change 事件的代码编写方法。

二、实验内容及指导

【实验 7-6】 编写程序，使其完成如下功能：

单击"显示"按钮，将某个图形装入图片框中；单击"清除"按钮，清除图片框中的图形。运行界面如图 7-7 所示。

图 7-7　图像框的应用

实验步骤：

(1) 创建应用程序界面。其中包括 1 个窗体(Form1)、1 个图片框(Picture1)和 2 个命令按钮(Command1、Command2)。

(2) 部分参考程序如下，请将程序补充完整。

```
Private Sub Command1_Click()
    Picture1.Picture = LoadPicture("e:\pic\earth.jpg")
End Sub
Private Sub Command2_Click()
    _____

End Sub
```

【实验 7-7】 设计界面如图 7-8 所示的时钟程序，要求使用标签和计时器控件(提示: 使用时间函数 Str(Year(Now))、 Str(Month(Now))、 Str(Day(Now))、 WeekdayName (Weekday (Now),2))。

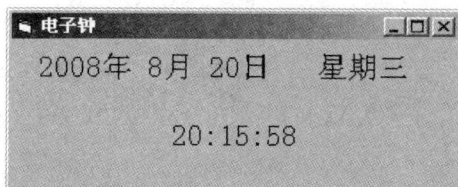

图 7-8 定时器的应用

实验步骤:

(1) 建立应用程序用户界面。创建工程，在窗体上添加 2 个标签(LblDate 和 LblTime)，Caption 属性均设置为"空"，再添加 1 个定时器(Timer1)，其 Interval 属性设置为 1000。

(2) 编写定时器(Timer1)的 Timer 事件过程。部分参考程序如下，请将程序补充完整。

```
Private Sub Timer1_Timer()
    Dim date0, date1 As String
    date0=Str(Year(Now))& "年" & Str(Month(Now)) & "月" & Str(Day(Now)) & "日"
    date1 = date0 & "    " & WeekdayName(Weekday(Now), 2)
    LblDate.Caption =_____
    LblTime.Caption =_____
End Sub
```

【实验 7-8】 设计如图 7-9 所示的移动界面。用垂直滚动条表示字号大小(1～72)，通过拖动滑块改变标签文字的大小。

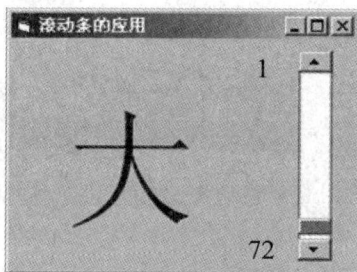

图 7-9 用滚动条控制字号大小

(1) 建立应用程序用户界面。创建工程，在窗体上添加 3 个标签，1 个垂直滚动条。
(2) 设置对象属性。属性设置如表 7.2 所示。

表 7.2 对象属性设置

对 象	属 性	属性值	对 象	属 性	属性值
标签1(Label 1)	Caption	大	滚动条(Vscroll1)	Min	1
标签2(Label 2)	Caption	1		Max	72
标签3(Label 3)	Caption	72			

(3) 编写垂直滚动条(Vscroll1)的 Scroll 事件代码。

三、实训练习

利用 3 个水平滚动条来设置窗体的背景颜色，并将滚动条中对应的值显示在相应的 3 个标签中。

提示：设置 3 个滚动条的 Min 属性值均为 1，Max 属性值均为 255。

实验 8　多功能用户界面设计

8.1　菜　单　设　计

一、实验目的

(1) 掌握使用菜单编辑器设计菜单的方法、步骤。

(2) 熟练掌握下拉式菜单、弹出式菜单的设计。

(3) 掌握菜单项单击事件过程代码的编写。

二、实验内容及指导

【实验 8-1】设计一个程序，让使用者通过菜单输入文字，然后在窗体上显示出来，并能通过菜单来改变字形是否为粗体、斜体、下划线或删除线。运行界面如图 8-1 所示。

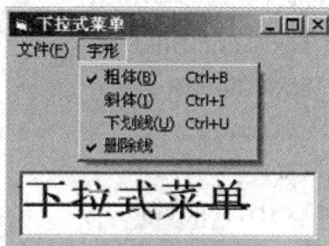

图 8-1　菜单设计

实验步骤：

(1) 创建应用程序界面。在窗体上放置 1 个文本框(Text1)，并将其内容清空。

(2) 选择"工具"菜单下的"菜单编辑器"命令，打开菜单编辑器窗口，在其中添加相应的菜单项。添加内容如表 8.1 所示。

表 8.1　菜单项属性设置

对　象	名　称	快捷键	对　象	名　称	快捷键
文件(&F)	MnuFile		…粗体(&B)	MnuFont1	Ctrl+B
…输入(&I)	MnuInput		…斜体(&I)	MnuFont2	Ctrl+I
…退出(&X)	MnuEnd		…下划线(&U)	MnuFont3	Ctrl+U
字形	MnuFont		…删除线(&S)	MnuFont4	

(3) 编写程序代码如下：

```
Private Sub Form_Load()           '初始化设置，字形菜单项禁用
    Text1.FontBold = False
```

```
        Text1.FontItalic = False
        Text1.FontUnderline = False
        Text1.FontName = "Times New Roman"
        Text1.FontSize = 24
        MnuFont = False
    End Sub
    Private Sub MnuInput_Click()
        Text1.Text = InputBox("请输入：")
        If Text1.Text <> "" Then
            MnuFont = True
        Else
            MnuFont = False
        End If
    End Sub
    Private Sub MnuEnd_Click()
        End
    End Sub
    Private Sub MnuFont1_Click()
        Text1.FontBold = Not Text1.FontBold
        MnuFont1.Checked = Text1.FontBold
    End Sub
    Private Sub MnuFont2_Click()
        Text1.FontItalic = Not Text1.FontItalic
        MnuFont2.Checked = Text1.FontItalic
    End Sub
    Private Sub MnuFont3_Click()
        Text1.FontUnderline = Not Text1.FontUnderline
        MnuFont3.Checked = Text1.FontUnderline
    End Sub
    Private Sub MnuFont4_Click()
        Text1.FontStrikethru = Not Text1.FontStrikethru
        MnuFont4.Checked = Text1.FontStrikethru
    End Sub
```

【实验 8-2】 根据实验 8-1，为文本框增加一个弹出式菜单，该菜单中包含"红色"、"蓝色"和"绿色"3 个选项，单击相应的菜单项后改变文本框中文字的颜色。运行结果如图 8-2 所示。

分析提示：要使弹出式菜单打开，需在窗体非文本框区域单击右键。弹出式菜单需用到 PopupMenu 方法。菜单项的创建方式和下拉式菜单一样，只是需要将顶层菜单的可见(Visible)属性设置为 False。

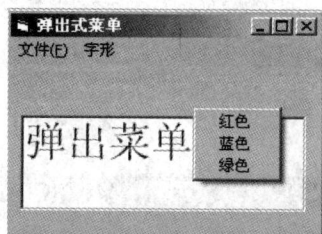

图 8-2 弹出式菜单设计

实验步骤：

(1) 建立应用程序用户界面。在实验 8-1 建立的菜单基础之上，增加一个颜色(MnuColor)的顶层菜单，并设置其 Visible 属性为 False。

(2) 创建颜色菜单的 3 个菜单项，分别为红色(MnuColor1)、蓝色(MnuColor2)和绿色(MnuColor3)。

(3) 部分参考程序如下，请将程序补充完整。

```
Private Sub Form_MouseUp(Button As Integer, Shift As Integer, X As Single, Y As Single)
    If Button = 2 Then
        _____
    End If
End Sub
Private Sub MnuColor1_Click()
    Text1.ForeColor = _____
End Sub
Private Sub MnuColor2_Click()
    Text1.ForeColor = _____
End Sub
Private Sub MnuColor3_Click()
    Text1.ForeColor = vbGreen
End Sub
```

三、实训练习

在前面两个实验题的基础上扩展程序功能：在下拉菜单栏中增加文字字号菜单项，在快捷菜单部分增加文字字体快捷菜单。当在窗体除文本框区域的其他任何地方单击鼠标右键时，弹出字体快捷菜单，用以设置不同字体。

8.2 工具栏和状态栏设计

一、实验目的

(1) 了解工具栏、状态栏的创建方法。

(2) 学会制作简单的工具栏、状态栏。

二、实验内容及指导

【实验8-3】 工具栏的创建。

设计如图8-3所示的界面。

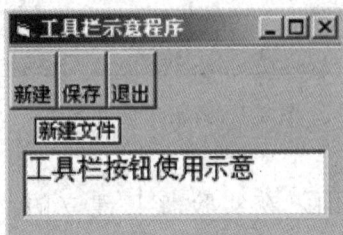

图 8-3　工具栏按钮示意运行结果

分析提示：工具栏控件包含在"Microsoft Windows Common Controls 6.0"中，所以先要选择"工程"菜单下的"部件"命令，选择相应选项之后，就能在工具箱中看到工具栏控件。双击工具栏控件，可在窗体上添加1个工具栏控件对象(默认名称为ToolBar1)。

实验步骤：

(1) 创建应用程序界面。在窗体(Form1)上添加1个工具栏对象，1个文本框(Text1)。通过工具栏对象的"属性页"设置3个按钮，每个按钮不需要设置图片，仅显示标题即可。

(2) 工具栏上各按钮设置如表8.2所示。

表 8.2　工具栏按钮设置

索　引	标　题	关键字	工具提示文本
1	新建	New	新建文件
2	保存	Save	保存文件
3	退出	Exit	退出应用程序

(3) 部分参考程序如下，请将程序补充完整。

```
Private Sub Form_Load()          '初始化文本框
    Text1.FontSize = 12
    Text1.Text = "工具栏按钮使用示意"
End Sub
Private Sub Toolbar1_ButtonClick(ByVal Button As MSComctlLib.Button)
    '用关键字属性判断选择的操作
    Select Case Button._____
        Case "New"
            MsgBox "选择'新建'按钮！"
        Case "Save"
            MsgBox "选择'保存'按钮！"
        Case "Exit"
            MsgBox "选择'退出'按钮！"
```

```
            End
        End Select
    End Sub
```

【实验 8-4】 设计一个状态栏应用程序。

运行界面如图 8-4 所示。单击"重写"按钮时，清空文本框，并将焦点停留在文本框上，状态栏第 1 个窗格显示"输入文字"；单击"加粗"按钮，文本框中文字加粗，状态栏第 1 个窗格显示"转化为粗体"；单击"斜体"按钮，文本框中的文字变为斜体，状态栏第 1 个窗格显示"转化为斜体"；单击"退出"按钮，状态栏第 1 个窗格显示"退出程序"。在运行期间，状态栏第 2、第 3 个窗格始终显示系统日期、系统时间。

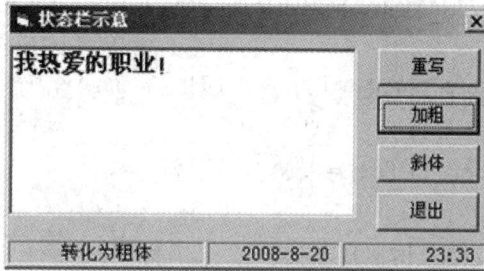

图 8-4　状态栏示意运行结果

分析提示："状态栏控件"也包含在"Microsoft Windows Common Controls 6.0"中，先要将其添加至工具箱中。创建状态栏对象后，在其"属性页"的"窗格"选项卡中添加 3 个窗格。

实验步骤：

(1) 创建应用程序界面。在窗体上添加 1 个文本框、1 个状态栏、4 个命令按钮。各属性根据界面设置，部分属性设置见表 8.3 所示。

表 8.3　对象属性设置

对　象	属　性	属性值	对　象	属　性	属性值
窗体	Name	frmStatusBar	命令按钮 2	Name	cmdBold
	Caption	状态栏示意		Caption	加粗
文本框	Name	Text1	命令按钮 3	Name	cmdItalic
	Text	" "（空）		Caption	斜体
状态栏	Name	staSample	命令按钮 4	Name	cmdExit
命令按钮 1	Name	cmdNew		Caption	退出
	Caption	重写			

(2) 部分参考程序如下，请将程序补充完整。

```
' 一个使用 Status Bar 的例子
Option Explicit
Private Sub cmdItalic_Click()          '将文本框中的字体设为斜体
    Text1.FontItalic = Not Text1.FontItalic
End Sub
```

```vb
Private Sub cmdItalic_MouseMove(Button As Integer, Shift As Integer,
                                X As Single, Y As Single)
' 把状态栏的第一个 Panels 中的 Text 属性设为"转化为斜体"的帮助信息
    staSample._____.Text = ""
    staSample.Panels(1).Text = "转化为斜体"
End Sub
Private Sub cmdBold_Click()              '将文本框中的字体设为粗体
    Text1.FontBold = Not Text1.FontBold
End Sub
Private Sub cmdBold_MouseMove(Button As Integer, Shift As Integer,
                                X As Single, Y As Single)
' 把状态栏的第一个 Panels 中的 Text 属性设为"转化为粗体"的帮助信息
    staSample.Panels(1).Text = ""
    staSample.Panels(1).Text = "转化为粗体"
End Sub
Private Sub cmdExit_Click()              '退出程序
Unload Me
End Sub
Private Sub cmdExit_MouseMove(Button As Integer, Shift As Integer,
                                X As Single, Y As Single)
' 把状态栏的第一个 Panels 中的 Text 属性设为"退出程序"的帮助信息
staSample.Panels(1).Text = ""
staSample.Panels(1).Text = "退出程序"
End Sub
Private Sub cmdNew_Click()              '将文本框中的文本清空
    Text1.Text = ""
    Text1._____ = False
    Text1._____ = False
    Text1.SetFocus
End Sub
Private Sub cmdNew_MouseMove(Button As Integer, Shift As Integer,
                                X As Single, Y As Single)
' 把状态栏的第一个 Panels 中的 Text 属性设为"清空文本框"的帮助信息
    staSample.Panels(1).Text = ""
    staSample.Panels(1).Text = "清空文本框"
End Sub
Private Sub Text1_MouseMove(Button As Integer, Shift As Integer,
                                X As Single, Y As Single)
' 把状态栏的第一个 Panels 中的 Text 属性设为"输入文字"的帮助信息
    staSample.Panels(1).Text = ""
```

```
    staSample.Panels(1).Text = "输入文字"
End Sub
```

三、实训练习

利用工具栏控件(ToolBar)和图像列表控件(ImageList)创建如图 8-5 所示的工具栏。

图 8-5 工具栏应用运行界面

8.3 多重窗体与多文档窗体

一、实验目的

(1) 掌握多重窗体间相互调用的常用方法、语句。

(2) 学会创建多文档(MDI)窗体。

二、实验内容及指导

【实验 8-5】 设计主界面如图 8-6(a)所示的应用程序。通过单击主窗体上不同命令按钮可显示不同窗体，如图 8-6(b)、8-6(c)所示。

(a) 主窗体   (b) 显示图片窗体   (c) 显示文字窗体

图 8-6 多窗体应用示例

实验步骤:

(1) 设计如图 8-6(a)所示界面，即主窗体(frmMain)，其 Caption 属性为"主窗体"。窗体上添加 3 个命令按钮，其 Caption 属性分别为"显示图片"、"显示文字"和"退出"。

(2) 编写主窗体命令按钮的 Click 事件代码，部分参考程序如下，请将程序补充完整。

```
Private Sub cmd1_Click()              ' 显示图片
    FrmMain.Hide
    Form1.Show
End Sub
Private Sub cmd2_Click()              ' 显示文字
```

```
        FrmMain.Hide
        _____
    End Sub
    Private Sub cmdEnd_Click()          ' 退出程序
        End
    End Sub
```

(3) 新添加一个窗体(Form1)，设置其 Caption 属性为"显示图片"，并设置其 Picture 属性，在窗体上显示一幅图片。该窗体上"返回"命令按钮的 Click 事件代码如下：

```
    Private Sub Command1_Click()
        _____
        FrmMain.Show
    End Sub
```

(4) 再添加一个窗体(Form2)，设置其 Caption 属性为"显示文字"。在该窗体上添加 1 个文本框(Text1)，利用该窗体的 Load 事件对其 Text 属性进行设置。该窗体相关事件代码如下：

```
    Private Sub Command1_Click()
        Form2.Hide
        FrmMain.Show
    End Sub
    Private Sub Form_Load()
        Text1.Text = ""
        Text1.Text = "多重窗体的应用"
    End Sub
```

【实验 8-6】采用多窗体技术编写程序，分别在不同窗体显示出矩形、圆和椭圆。应用程序界面如图 8-7 所示。

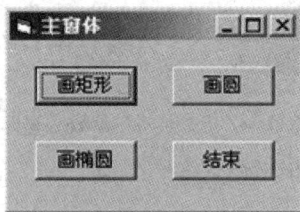

(a) 主窗体运行界面   (b) "画矩形"窗体运行界面

(c) "画圆"窗体运行界面   (d) "画椭圆"窗体运行界面

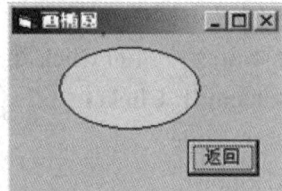

图 8-7　实验 8-6 运行界面

分析提示：可用工具箱中的 Shape 控件直接画出矩形、圆和椭圆。

实验步骤：

(1) 创建如图 8-7(a)所示的主窗体(frmForm)界面。主窗体上放置 4 个命令按钮，其 Name 属性分别为 cmd1、cmd2、cmd3 和 cmdEnd；Caption 属性分别为"画矩形"、"画圆"、"画椭圆"和"结束"。

(2) 主窗体部分参考程序如下，请将程序补充完整。

```
Private Sub cmd1_Click()          '"画矩形"按钮事件
    Form1.Show
    FrmMain.Hide
End Sub
Private Sub cmd2_Click()          '"画圆"按钮事件
    Form2.Show
    _____
End Sub
Private Sub cmd3_Click()          '"画椭圆"按钮事件

    _____
    FrmMain.Hide
End Sub
Private Sub cmdEnd_Click()        '"结束"按钮事件

    _____
End Sub
```

(3) 画矩形窗体事件代码如下：

```
Private Sub Command1_Click()
    Form1.Hide
    FrmMain.Show
End Sub
```

(4) 写出其他窗体相关事件代码，并将程序代码补充完整。

三、实训练习

建立一个 MDI 窗体和 3 个子窗体，以不同的排列方式显示 3 个子窗体，并且在每个窗体上显示图形，运行界面如图 8-8 所示。

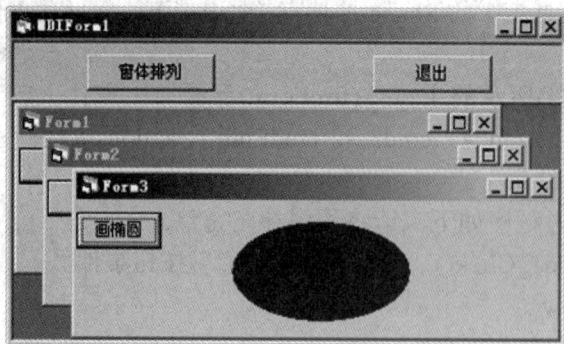

图 8-8　MDI 窗体运行界面

8.4　通用对话框

一、实验目的

(1) 了解 6 种通用对话框的基本方法与主要属性。

(2) 学会通用对话框的应用。

二、实验内容及指导

【实验 8-7】 对话框应用。

设计一个如图 8-9 所示的应用程序。单击"打开"按钮，弹出"打开文件"对话框；单击"另存为"按钮，弹出"文件另存为"对话框；单击"字体"按钮，打开"字体"对话框；单击"颜色"按钮，打开颜色对话框；单击"退出"按钮，结束程序运行。

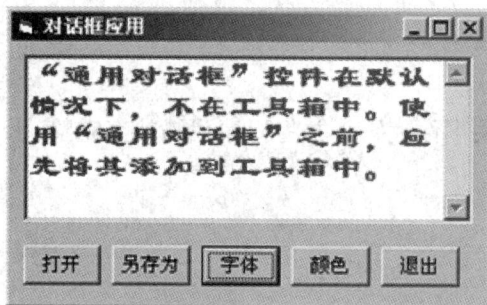

图 8-9　"通用对话框"应用示例

分析提示：在默认情况下，"通用对话框"控件不在工具箱中，在使用之前，应先将其添加到工具箱中。

实验步骤：

(1) 建立应用程序用户界面。创建窗体界面，在窗体中放置 1 个文本框、1 个通用对话框和 5 个命令按钮。

(2) 设置对象属性。属性设置如表 8.4 所示。

表 8.4　对象属性设置

对 象	属 性	属性值	对 象	属 性	属性值
窗体	Caption	对话框应用	命令按钮 3	Name	cmdFont
通用对话框	Name	EditDialog		Caption	字体
	Filename	*.txt	命令按钮 4	Name	cmdColor
命令按钮 1	Name	cmdOpen		Caption	颜色
	Caption	打开	命令按钮 5	Name	cmdEnd
命令按钮 2	Name	cmdSave		Caption	退出
	Caption	另存为	文本框(Text 1)	Text	" "（空）

(3) 部分参考程序如下，请将程序补充完整。

```
Private Sub cmdOpen_Click()        ' 打开文件对话框
    EditDialog.DialogTitle = "打开文件"
    EditDialog.Filter = "All Files(*.*)|*.*|Text Files(*.txt)|*.txt"
    EditDialog.FilterIndex = _____
    Text1.Text = ""
    EditDialog.Action = 1
End Sub
Private Sub cmdSave_Click()        ' 文件另存为对话框
    EditDialog.DialogTitle = "文件另存为"
    EditDialog.FileName = "文本文件.txt"
    EditDialog.DefaultExt = "txt"
    EditDialog.Action = _____
End Sub
Private Sub cmdFont_Click()        ' 字体对话框
    EditDialog.Flags = &H3 Or &H100
    ' 设置 Flags 属性，&h3(显示打印机字体和屏幕字体)，&h100(在字体对话框
    ' 显示删除线、下划线检查框以及颜色组合框)
    EditDialog.Action = _____
    Text1.FontName = EditDialog.FontName
    Text1.FontSize = EditDialog.FontSize
    Text1.FontBold = EditDialog.FontBold
    Text1.FontItalic = EditDialog.FontItalic
    Text1.FontStrikethru = EditDialog.FontStrikethru
    Text1.FontUnderline = EditDialog.FontUnderline
    Text1.ForeColor = EditDialog.Color
End Sub
Private Sub cmdColor_Click()        ' 颜色对话框
    EditDialog.Action = _____
```

```
        Text1.ForeColor = EditDialog.Color
    End Sub
    Private Sub cmdEnd_Click()      ' 退出
        End
    End Sub
```

三、实训练习

设计一个对话框，在该对话框中输入文本，利用单选按钮控制该文本的字体样式，利用复选框控制该文本的显示效果。

实验 9　图 形 处 理

9.1　坐标系和颜色设置

一、实验目的

(1) 熟悉 Visual Basic 6.0 标准坐标系。

(2) 掌握自定义坐标系的设置方法。

(3) 掌握颜色属性、CurrentX 和 CurrentY 属性的设置。

二、实验内容及指导

【实验 9-1】设计程序，当程序运行时，能够测试窗体上的图片框和图片框中列表框左上角的标准坐标值。

分析提示：添加到窗体上的图片框对象，它的位置是以系统默认的坐标系为基准的，即窗体的左上角为原点，坐标轴分别是向右、向下为正。而添加到图片框中的列表框对象，它的位置又是以图片框本身的坐标系为度量基准的。对象左上角点的坐标是由对象的 Left 属性和 Top 属性决定的。

实验步骤：

(1) 界面设计。在窗体上添加 1 个图片框(picPicture)控件，在图片框内再创建 1 个列表框(lstList)，把列表框拖到图片框的左上角，然后再在窗体上添加 2 个标签和 2 个文本框控件(txtTup)和(txtLieb)。界面如图 9-1(a)所示。

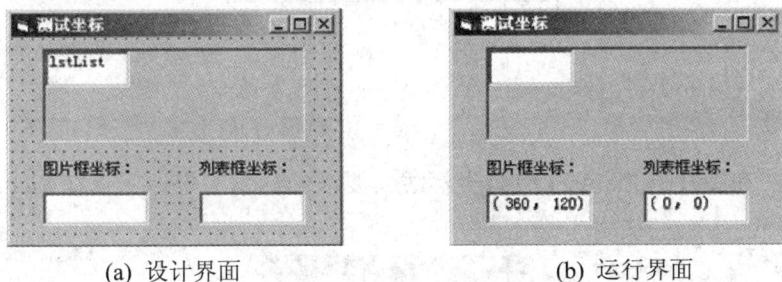

(a) 设计界面　　　　　　　　(b) 运行界面

图 9-1　测试标准坐标值

(2) 编写窗体的 Load 事件代码。

```
Private Sub Form_Load()
    txtTup.Text = "(" & Str(picPicture.Left) & ", " & Str(picPicture.Top) & ")"
                    ' 显示图片框左上角点的坐标
```

End Sub

(3) 保存并运行程序，运行结果如图 9-1(b)所示。

【实验 9-2】 编写程序，在窗体上显示立体文字。

分析提示：立体文字效果本质上是由很多个相同的文字位置逐渐发生变化后显示出来的视觉效果。为了显示效果更逼真，一般将最前面的文字颜色设置为彩色，后面的文字颜色设置为黑色。文字位置变化是通过改变 CurrentX 属性和 CurrentY 属性来实现的。

实验步骤：

(1) 编写"显示"按钮的代码。

```
Private Sub Command1_Click()
        Font = "隶书"                              '设置文字字体
        FontSize = 36                              '设置字号
        ForeColor = QBColor(0)                     '设置文字颜色(黑色)
        For i = 0 To 90 Step 10
            CurrentX = 200 + i: CurrentY = 300 + i '设置显示文字的坐标位置
            Print "奥运加油！"                      '显示文字
        Next i
        CurrentX = 290: CurrentY = 390
        ForeColor = QBColor(12)                    '设置最前面文字的颜色(红色)
        Print "奥运加油！"
    End Sub
```

(2) 保存并运行程序，运行结果如图 9-2 所示。

图 9-2　立体字

三、实训练习

编写程序，在图片框 Picture1 中画坐标线。要求坐标系的坐标原点在 Picture1 的中心，如图 9-3 所示。

图 9-3　画坐标

9.2 使用各种画图方法绘制简单图形

一、实验目的

(1) 熟悉 Shape 和 Line 控件的使用方法。

(2) 掌握使用 PSet、Line、Circle 方法绘制各种图形。

二、实验内容及指导

【实验 9-3】 设计程序，在窗体上画满天星，界面如图 9-4 所示。

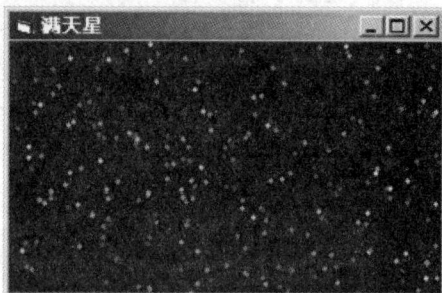

图 9-4 满天星界面

分析提示： 满天星效果是在时钟控件(Timer)的控制下，在窗体上使用 Pset 方法随机画彩色点产生的。其中的关键是产生随机数，表达式 Int(Rnd * Form1.ScaleWidth)保证了随机产生的整数值在窗体的宽度范围之内，而表达式 Int(Rnd * 256)保证了随机产生的整数值在颜色函数的取值范围之内。画出的点的大小由 DrawWidth 属性决定。

实验步骤：

(1) 界面设计。在窗体上添加 1 个时钟控件(Timer1)，并且将其 Interval 属性值设置为 100。

(2) 编写 Timer 事件的代码。

```
Private Sub Timer1_Timer()
    DrawWidth = 3                          ' 确定点的大小
    Form1.BackColor = QBColor(0)           ' 将窗体背景色设置为黑色
    X = Int(Rnd * Form1.ScaleWidth)        ' 随机产生 X 点坐标
    Y = Int(Rnd * Form1.ScaleHeight)       ' 随机产生 Y 点坐标
    redc = Int(Rnd * 256)                  ' 随机生成颜色函数的第一个参数值
    greenc = Int(Rnd * 256)                ' 随机生成颜色函数的第二个参数值
    bluec = Int(Rnd * 256)                 ' 随机生成颜色函数的第三个参数值
    PSet (X, Y), RGB(redc, greenc, bluec)  ' 画点
End Sub
```

(3) 保存并运行程序。

【实验 9-4】 编写程序，在窗体上画一个圆及其内接三角形。

实验步骤：

(1) 界面设计。在窗体上添加 2 个命令按钮(cmdDraw 和 cmdClear)，它们的 Caption 属性分别是"画图"和"清除"。当单击"画图"按钮时，在窗体上画圆及其内接三角形，单击"清除"按钮，则将图形擦除。

(2) 部分参考程序如下，请将程序补充完整。

```
Private Sub cmdDraw_Click()
    Dim r As Long, Cx As Long, Cy As Long        '定义圆半径、圆心坐标和圆内接
                                                 '三角形的顶点坐标
    Dim x1 As Long, y1 As Long, x2 As Long, y2 As Long, x3 As Long, y3 As Long
    Const pi As Single = 3.1416
    r = 800
    Cx = 1800                                    '圆心横坐标
    Cy = 850                                     '圆心纵坐标
    x1 = Cx + r * Cos(pi / 6)                     '分别计算内接三角形的顶点坐标
    y1 = Cy + r * Sin(pi / 6)
    x2 = Cx: y2 = Cy - r
    x3 = Cx - r * Cos(pi / 6): y3 = y1
    DrawWidth = 2                                '设置线条宽度
    Line (x1, y1)-(x2, y2), 2                     '画三角形
    _____
    Line (x3, y3)-(x1, y1)
    _____                    '画圆
End Sub
Private Sub cmdClear_Click()
    _____
End Sub
```

(3) 运行程序，结果如图 9-5 所示。

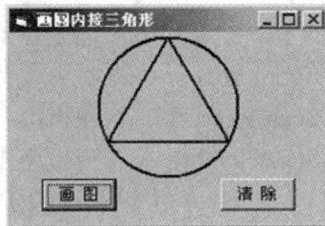

图 9-5 实验 9-4 运行结果

【实验 9-5】 使用绘线、绘圆的方法画出如图 9-6 所示的图形。

部分参考程序如下，请将程序补充完整。

```
Private Sub cmdDrawsun_Click()
    Const pi = 3.14159
```

```
Dim i As Single
Cls
_____        ' 自定义坐标系
FillStyle = 0
FillColor = vbRed
_____        ' 画圆
For i = 0 To 2 * pi Step pi / 10    ' 循环画线
    Line (15 * Cos(i), 15 * Sin(i))-(25 * Cos(i), 25 * Sin(i))
Next i
End Sub
```

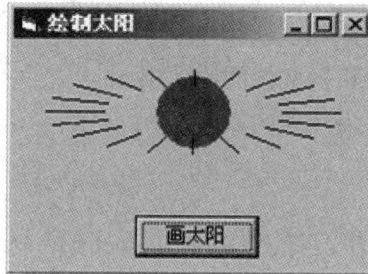

图 9-5　绘制太阳

三、实训练习

(1) 编写程序，画圆的渐开线。

分析提示：圆的渐开线的参数方程为

$X=a(cost+tsint)$

$Y=a(sint-tcost)$

(2) 编写程序，在窗体上画出若干扇形。扇形的各个参数可自行定义。

实验 10 文 件 处 理

10.1 数 据 文 件

一、实验目的

(1) 掌握文件打开(Open)和关闭(Close)的方法。

(2) 熟练掌握对顺序文件和随机文件的读/写操作。

(3) 初步了解对文件操作的语句和函数。

二、实验内容及指导

【实验 10-1】设计一个程序，将"e:\practice\net.txt"文件中的数据读到窗体上的文本框内，显示完毕后再将文本框中的内容保存到另一个文件中。

实验步骤：

(1) 界面设计。在窗体上添加 1 个文本框(txtText)和 2 个命令按钮(cmdRead 和 cmdSave)，按钮的 Caption 分别是"读数据"和"存盘"。同时将文本框(txtText)的 MultiLine 属性设置为 True。

(2) 部分参考程序如下，请将程序补充完整。

```
Private Sub cmdRead_Click()
    Dim chars As String, content As String
    Open "e:\practice\net.txt" For Input As #1     ' 打开已存在的 net.txt 文件
    Do While Not EOF(1)                            ' 读取文件内容

        _____

        content = content + chars + Chr$(13) + Chr$(10)
    Loop
        _____                  ' 将内容显示到文本框
        _____                  ' 关闭文件
End Sub
Private Sub cmdSave_Click()
    Open "e:\practice\sav.txt" For Output As #2    ' 打开文件

        _____

    Close #2                                       ' 关闭文件
End Sub
```

(3) 保存并运行程序，结果如图 10-1 所示。

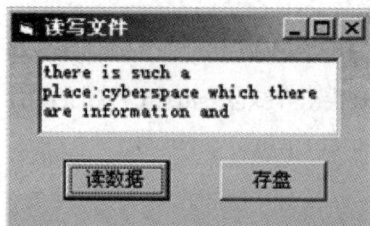

图 10-1　程序运行结果

【实验 10-2】 设计一个程序，能够对随机文件进行读/写操作，并且能将写入和读出的内容显示在文本框中。

分析提示：为了操作方便，先将随机文件中的记录定义成记录类型，然后使用这种类型的变量对文件中的记录进行操作。"写文件"时用 Put# 语句把生成的记录写到文件中，并把每条记录显示到文本框内。"读文件"用 Get# 语句把记录读到指定变量并将其显示在文本框中。

实验步骤：

(1) 界面设计。设计窗体，在窗体上添加 1 个文本框(txtText)和 4 个命令按钮，按钮的名称分别是 cmdWrite(写文件)、cmdClear(清除文本)、cmdRead(读文件)和 cmdExit(退出)，如图 10-2 所示。

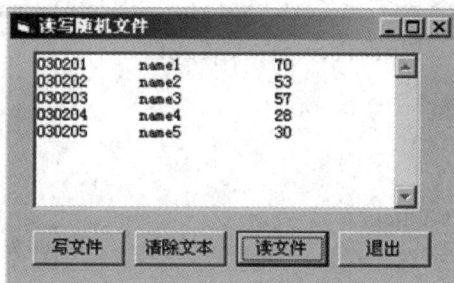

图 10-2　读写随机文件

(2) 编写命令按钮的事件代码。

```
Private Type student
    xh As String * 6
    name As String * 10
    score As Integer
End Type
Private Sub cmdWrite_Click()
    Dim stu As student
    Dim i As Integer
    Open "E:\practice\xsjl.dat" For Random As #1 Len = Len(stu)    ' 打开随机文件
    For i = 1 To 5                                                 ' 给变量 stu 赋值
        stu.xh = "03020" + Trim(Str(i))
        stu.name = "name" + Trim(Str(i))
```

```
                stu.score = Int(Rnd * 100)
                Put #1, i, stu                          '写随机文件
                txtText.Text = txtText.Text + stu.xh + Space(6) + stu.name + Space(5) +
                        Str(stu.score) + vbCrLf
                                                        '在文本框中显示

            Next i
            Close #1                                    '关闭文件
        End Sub
        Private Sub cmdClear_Click()
            txtText.Text = ""                           '清空文本框内容
        End Sub
        Private Sub cmdRead_Click()
            Dim std As student
            Dim i As Integer
            Open "E:\practice\xsjl.dat" For Random As #1 Len = Len(std)
            For i = 1 To 5
                Get #1, i, std                          '读随机文件
                txtText.Text = txtText.Text + std.xh + Space(6) + std.name + Space(5) +
                        Str(std.score) + vbCrLf

            Next i
            Close #1                                    '关闭文件
        End Sub
        Private Sub cmdExit_Click()
            End
        End Sub
```

(3) 保存并运行程序。

三、实训练习

设计一个程序，将窗体上文本框内输入的数据保存在"e:\zgb.dat"数据文件中。当单击"存盘"按钮时，将文本框中的数据写入文件，同时清空各文本框以便下次输入。程序运行界面如图 10-3 所示。

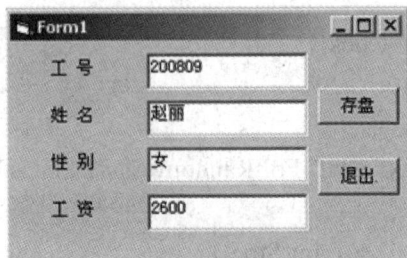

图 10-3　运行界面

分析提示：根据各文本框中要输入的内容定义 4 个不同类型的变量，然后把文本框中的内容赋值给相应的变量；再将要操作的文件打开，将 4 个变量的值写入文件；最后清空各文本框以便下次输入。

10.2 文件系统控件

一、实验目的

(1) 掌握驱动器列表框(DriveListBox)、目录列表框(DirListBox)和文件列表框(FileListBox)的有关属性和事件。

(2) 熟练使用驱动器列表框、目录列表框和文件列表框。

(3) 初步学会利用文件系统控件设计复杂程序。

二、实验内容及指导

【实验 10-3】在窗体上添加驱动器列表框、目录列表框和文件列表框。当选中某个驱动器或文件夹时，在文本框中显示当前驱动器下当前文件夹中的子文件夹的数量和文件的数量。

分析提示：设计本程序时，除了将驱动器列表框、目录列表框和文件列表框设置为同步外，关键是统计某一驱动器下某个当前文件夹中的子文件夹的个数和文件的个数。目录列表框控件 Dir 的 ListCount 属性表示目录列表框中列表项的数量，也就是子文件夹的数量；同样文件列表框控件 File 的 ListCount 属性表示文件列表框中列表项的数量，即当前路径下文件的数量。

实验步骤：

(1) 界面设计。设计如图 10-4 所示的应用程序界面。

(2) 属性设置。控件对象的属性设置如表 10.1 所示。

表 10.1 对象属性设置

对　象	属　性	属性值	对　象	属　性	属性值
驱动器列表框	Name	drvQudq	文本框 2	Name	txtCount2
目录列表框	Name	dirMulu	标签 1	Caption	当前路径下文件夹数量
文件列表框	Name	filFile	标签 2	Caption	当前路径下文件的数量
文本框 1	Name	txtCount1			

(3) 编写窗体加载事件代码。

```
Private Sub Form_Load()
    txtCount2.Text = Val(filFile.ListCount)    ' 显示默认文件夹下的文件个数
    txtCount1.Text = Val(dirMulu.ListCount)    ' 显示默认驱动器下的文件夹个数
End Sub
```

(4) 补充目录列表框的 Change 事件代码。

```
Private Sub dirMulu_Change()
    _____          '文件列表框和目录列表框同步

End Sub
```
(5) 补充驱动器列表框的 Change 事件代码。
```
Private Sub drvQudq_Change()
    _____          '驱动器列表框和目录列表框同步

    txtCount1.Text = Val(dirMulu.ListCount)

    _____

End Sub
```
(6) 编写文件列表框的 PathChange 事件代码。
```
Private Sub filFile_PathChange()

    txtCount1.Text = Val(dirMulu.ListCount)   '统计当文件列表框路径变化后，当
                                              '前目录下的文件夹个数

    txtCount2.Text = Val(filFile.ListCount)   '统计当文件列表框路径变化后，当
                                              '前目录下的文件个数

End Sub
```
(7) 保存并运行程序，运行结果如图 10-4 示。

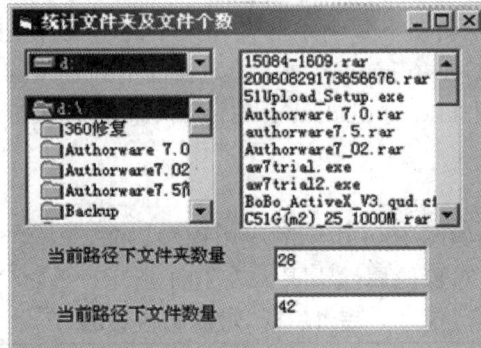

图 10-4　运行结果

【**实验 10-4**】设计程序，利用驱动器列表框、目录列表框、文件列表框和文本框制作一个文件浏览器。当在文件列表框中选定一个要显示的文件时，在文本框中显示该文件的内容。

分析提示： 本实验的关键是在文本框中显示文件的内容。要在文本框中显示文件的内容，首先要获得所选文件的文件名(包括路径)，文件名是由 dirMulu.path 和 filFile.FileName 组合而成的。有了文件名之后，就可以用 Open 语句以读取的方式打开该文件，并且用 Input 语句将文件内容读到文本框内。

实验步骤：

(1) 界面设计。设计如图 10-5 所示的应用程序界面。

(2) 属性设置。控件对象的属性设置如表 10.2 所示。

表 10.2 控件属性设置

对　象	属　性	属性值	对　象	属　性	属性值
驱动器列表框	Name	drvQudong	文本框	Name	txtShow
目录列表框	Name	dirMulu		Multiline	True
文件列表框	Name	filFile		ScrollBars	3
	Pattern	*.txt			

(3) 编写文件系统控件同步的代码。

```
Private Sub drvQudong_Change()
    dirMulu.Path = drvQudong.Drive        '目录列表框和驱动器列表框同步
End Sub
Private Sub dirMulu_Change()
    filFile.Path = dirMulu.Path           '文件列表框和目录列表框同步
End Sub
```

(4) 编写单击选择文件列表框中的文件时，打开该文件的代码。

```
Private Sub filFile_Click()
    Dim char As String, fname As String
    txtShow.Text = ""                         '清空文本框中的内容
    If Right(dirMulu.Path, 1) = "\" Then       '获取文件名(包括路径名)
        fname = dirMulu.Path & filFile.FileName
    Else
        fname = dirMulu.Path & "\" & filFile.FileName
    End If
    Open fname For Input As #1                '以读取方式打开该文件
    Do While Not EOF(1)
        Line Input #1, char                    '读取文件内容
        txtShow.Text = txtShow.Text + char + vbCrLf   '将内容显示在文本框中
    Loop
    Close #1                                  '关闭文件
End Sub
```

(5) 保存并运行程序，运行结果如图 10-5 所示。

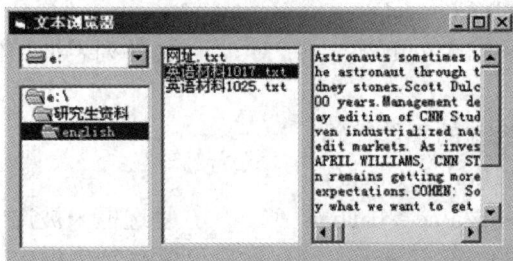

图 10-5 文本浏览器

【实验 10-5】 编写一个程序，界面如图 10-6 所示。当选中表示某一文件类型的复选框时，在文件列表框中显示满足所选条件类型的文件。

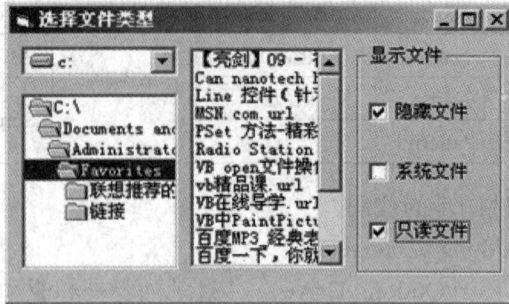

图 10-6　程序界面

分析提示： 要在文件列表框中显示某种类型的文件，是由文件列表框的相应属性决定的。文件列表框有 Hidden、ReadOnly、System 属性。当 File1.ReadOnly=False 时，文件列表框中不显示只读文件；当 File1.ReadOnly=True 时，则将只读文件显示在文件列表框中。

实验步骤：

(1) 界面设计。设计如图 10-6 所示的应用程序界面。

(2) 属性设置。窗体及控件对象的属性设置如表 10.3 所示。

表 10.3　控件属性设置

对　象	属　性	属性值	对　象	属　性	属性值
窗体	Caption	选择文件类型	复选框 1	Name	chkHidden
				Caption	隐藏文件
			复选框 2	Name	chkSystem
				Caption	系统文件
框　架	Name	Frame1	复选框 3	Name	chkReadOnly
	Caption	显示文件		Caption	只读文件

(3) 编写文件系统控件同步的代码。

```
    Private Sub Drive1_Change()
        Dir1.Path = Drive1.Drive              '目录列表框和驱动器列表框同步
    End Sub
    Private Sub Dir1_Change()
        File1.Path = Dir1.Path                '文件列表框和目录列表框同步
    End Sub
```

(4) 编写各复选框控件的事件代码。

```
    Private Sub chkHidden_Click()
        If chkHidden.Value = 0 Then           '复选框未被选中
            File1.Hidden = False              '文件列表框中不显示隐藏文件
        ElseIf chkHidden.Value = 1 Then       '复选框被选中
```

```
            File1.Hidden = True              ' 文件列表框中显示隐藏文件
        End If
    End Sub
    Private Sub chkSystem_Click()
        If chkSystem.Value = 0 Then
            File1.System = False
        ElseIf chkSystem.Value = 1 Then
            File1.System = True
        End If
    End Sub
    Private Sub chkReadOnly_Click()
        If chkReadOnly.Value = 0 Then
            File1.ReadOnly = False
        ElseIf chkReadOnly.Value = 1 Then
            File1.ReadOnly = True
        End If
    End Sub
```
(5) 保存并运行程序。

三、实训练习

建立窗体，在窗体上添加一个驱动器列表框、目录列表框、文件列表框、组合框和一个图片框。使其同步工作，当在组合框中选择某文件类型时，可以在文件列表框中显示相应类型的文件。当在文件列表框中选择图片文件时，在图片框中显示该图片。界面如图10-7所示。

图 10-7　运行界面

实验 11　数据库应用基础

11.1　可视化数据管理器

一、实验目的

(1) 掌握 Visual Basic 中数据库的使用方法。

(2) 掌握可视化数据库管理器的使用方法。

(3) 了解使用 SQL 语句对数据库中的数据进行查询的方法。

二、实验内容及指导

【实验 11-1】　可视化数据管理器。

使用可视化数据管理器建立 Access 数据库"teacher.mdb"，它包括 2 个表：教师信息表和课程信息表。这两个表的具体数据分别由表 11.1 和表 11.2 给定。

表 11.1　教师信息表

教师号	姓名	性别	年龄	职称	系
00001	李志斌	男	46	教授	计算机
00002	吴文凯	男	25	助教	机械
00003	黄敏	女	35	讲师	电信
00004	李云龙	男	28	讲师	电信
00005	张杰	男	32	讲师	计算机
00006	李丽	女	38	副教授	机械

表 11.2　课程信息表

教师号	课程名	学时	班级
00001	操作系统	80	软件 06
00002	机械设计	64	机制 05
00003	数字电路	65	电信 05
00004	微机原理	76	电信 05
00005	计算机原理	70	软件 04
00006	模具设计	60	模具 06

实验步骤：

(1) 启动数据库管理器。单击"外接程序"，选择"可视化数据管理器"命令，即可打开 VisData 窗口。

(2) 建立数据库。在数据库管理器中单击"文件"菜单，选择"新建"命令，并选择级联菜单"Miscrosoft Access"命令，如图 11-1 所示。

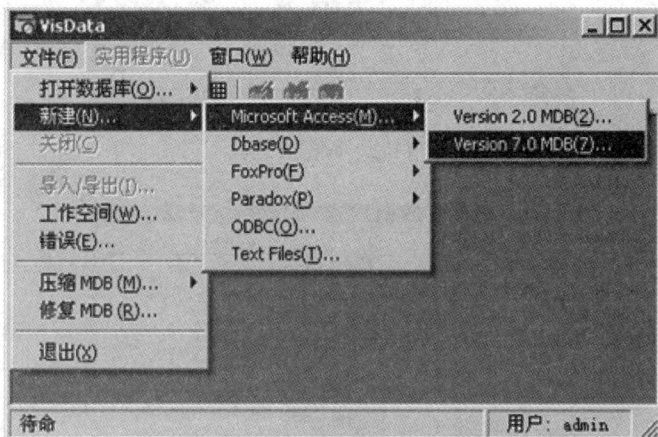

图 11-1 创建数据库的菜单选项

(3) 创建表。在数据库管理器中为数据库添加数据库表，表名为"教师信息"和"课程信息"。两个表的字段名、类型和长度等如表 11.3 和表 11.4 所示。

表 11.3 教师信息表设计

字段名	类型	长度/B
教师号	文本	5
姓名	文本	6
性别	文本	2
年龄	整型	—
职称	文本	6
系	文本	8

表 11.4 课程信息表设计

字段名	类型	长度/B
教师号	文本	5
课程名	文本	10
学时	整型	—
班级	文本	10

将鼠标指针移动到如图 11-2 所示的"数据库窗口"，单击鼠标右键，选择"新建表"命令，则出现"表结构"对话框，如图 11-3 所示。

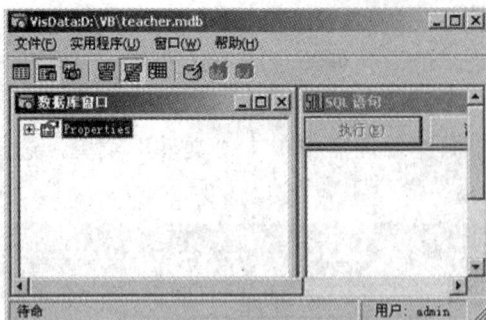

图 11-2 数据管理器

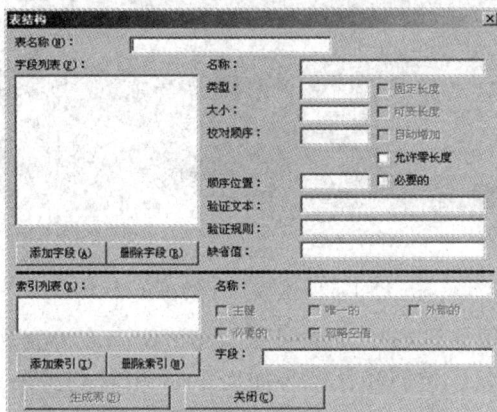

图 11-3 "表结构"对话框

(4) 单击"添加字段"按钮，出现如图 11-4 所示的窗体，从而建立以上两个表。

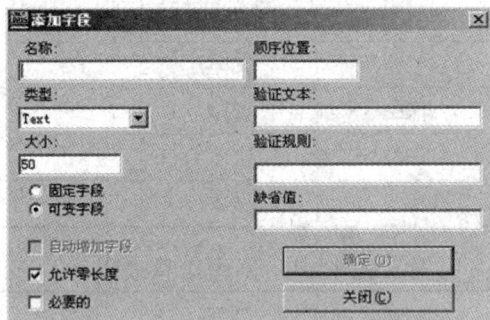

图 11-4 "添加字段"对话框

(5) 向表中添加记录。

【实验 11-2】 在可视化数据库管理器 SQL 窗口中，对"teacher.mdb"编辑完成满足如下要求的 SELECT 语句。

(1) 用 SELECT 语句在"教师信息"表中查询所有计算机系教师的姓名、性别、年龄和职称。

(2) 统计性别为"女"的教师人数。

(3) 查找年龄在 30 岁以下的教师。

(4) 用 SELECT 语句在"课程信息"表中查询张杰教师上什么课。

实验步骤:

(1) 启动可视化数据管理器:成功启动 Visual Basic 6.0 后,在"设计"模式下单击"外接程序"菜单中的"可视化数据管理器"命令,系统出现"可视化数据管理器"窗口。

(2) 打开"教师信息.mdb"数据库:依次选择菜单栏的"文件\打开数据库\Microsoft Access(M)"命令,屏幕出现"打开 Microsoft Access 数据库"对话框,在"搜寻"列表框中选择数据库"教师信息.mdb"所在的目录路径,在"文件名"文本框中输入"teacher.mdb"后单击"打开"按钮,屏幕显示数据管理器主窗口。

(3) 在 SQL 语句窗口中输入如下 SQL 语句,如图 11-5 所示。

SELECT 姓名,性别,年龄,职称 FROM 教师信息 WHERE "系='计算机'"

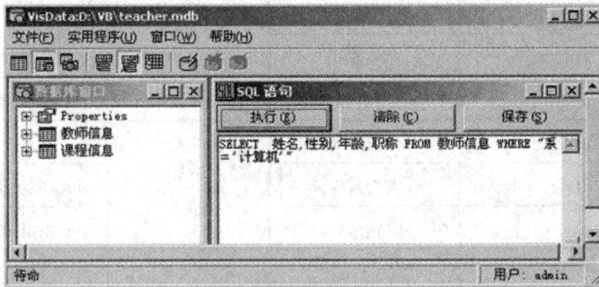

图 11-5 SQL 命令输入窗口

(4) 单击"执行"按钮,系统显示一个对话框。单击"是"按钮,此时,系统显示一个"Visdata"对话框。单击"确定"按钮,屏幕显示一个窗口,单击向右的箭头可以显示满足条件的其他记录内容。单击"关闭"按钮,系统返回到数据管理器主窗口。

通过实验写出完成其他查询的 SELECT 语句:

11.2 Data 数据控件

一、实验目的

掌握 Data 控件的使用方法。

二、实验内容及指导

【实验 11-3】 设计一个窗体,使用 Data 控件在窗体内通过文本框绑定控件,浏览"teacher.mdb"数据库中的基本情况表的记录。

实验步骤：

(1) 界面设计和属性设置：在窗体上建立 6 个标签、6 个文本框和 1 个 Data 控件。窗体和窗体上控件的主要属性值设置如表 11.5 所示。

表 11.5　控件属性设置表

对象	属性	属性值	对象	属性	属性值
窗体	Caption	Form1		Text	" "(空)
	Caption	Data1	文本框 2	Datasource	Data1
数据控件	DatabaseName	D:\teacher.mdb		DataFied	姓名
	RecordSource	教师信息表		Text	" "(空)
标签 1	Caption	教师号	文本框 3	Datasource	Data1
标签 2	Caption	姓名		DataFied	性别
标签 3	Caption	性别		Text	" "(空)
标签 4	Caption	年龄	文本框 4	Datasource	Data1
标签 5	Caption	职称		DataFied	年龄
标签 6	Caption	系		Text	" "(空)
	Text	" "(空)	文本框 5	Datasource	Data1
	Datasource	Data1		DataFied	职称
文本框 1				Text	" "(空)
	DataFied	教师号	文本框 6	Datasource	Data1
				DataFied	系

(2) 保存并调试、运行程序。

运行程序后，界面如图 11-6 所示。此时，单击 Data 控件的向左或向右箭头，用户可以浏览"teacher.mdb"数据库中基本情况表的所有记录。

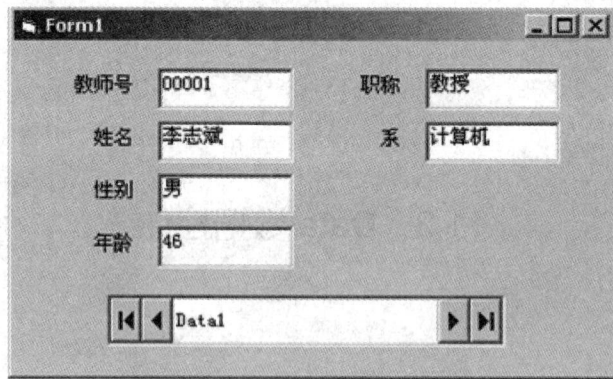

图 11-6　数据绑定窗口

【实验 11-4】在上题程序界面上添加 4 个命令按钮，代替数据控件对象的 4 个箭头的操作。窗体属性设置如下：在窗体上增加 4 个命令按钮，将数据控件的 Visible 属性设置为 False。通过对 4 个按钮的编程代替数据控件的 4 个箭头。窗体如图 11-7 所示。

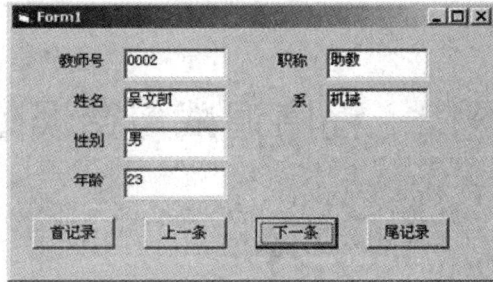

图 11-7　程序运行结果

程序代码如下：

"上一条"和"下一条"按钮的代码需要考虑 Recordset 对象的边界，可用 BOF 和 EOF 属性检测记录集的首尾。如发生越界，则用指令定位到第一条或最后一条记录。

```
Private Sub Command1_Click()
    Data1.Recordset.MoveFirst
End Sub
Private Sub Command2_Click()
    Data1.Recordset.MovePrevious
    If Data1.Recordset.BOF Then Data1.Recordset.MoveFirst
End Sub
Private Sub Command3_Click()
    Data1.Recordset.MoveNext
    If Data1.Recordset.EOF Then Data1.Recordset.MoveLast
End Sub
Private Sub Command4_Click()
    Data1.Recordset.MoveLast
End Sub
```

三、实训练习

设计一个窗体对上题中的 teacher.mdb 数据库提供添加、删除、更新、查找、退出功能。窗体运行界面如图 11-8 所示。

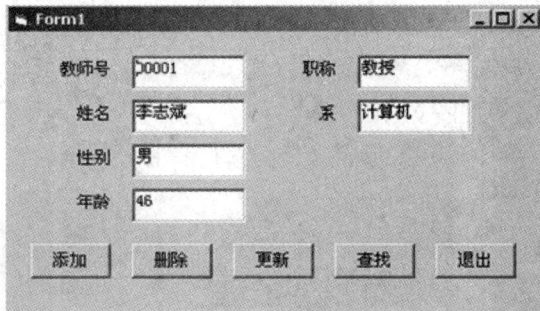

图 11-8　程序运行结果

实验 12　程序调试与错误处理

一、实验目的

(1) 熟练掌握调试程序的方法。

(2) 熟悉调试程序的各种工具。

(3) 了解程序中出现的各种错误。

(4) 能够捕获并处理程序中出现的错误。

二、实验内容及指导

【实验 12-1】　熟悉"调试"工具栏各按钮的功能。

打开"调试"工具栏的方法：启动 Visual Basic 6.0→"视图"菜单→"工具栏"选项→单击"调试"选项，如图 12-1 所示。

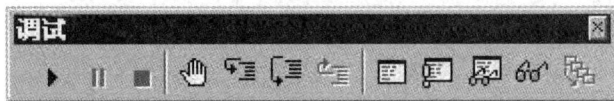

图 12-1　"调试"工具栏

编写如下程序代码：

```
Private Sub Command1_Click()
    Dim a As Integer, b As Integer, x As Integer
    a = Val(InputBox("请输入第一个数："))
    b = Val(InputBox("请输入第二个数："))
    x = gcd(a, b)
    Print a & "与" & b & "的最大公约数为："  & x
End Sub
Public Function gcd(ByVal x As Integer, ByVal y As Integer) As Integer
    Do While y <> 0
        reminder = x Mod y
        x = y
        y = reminder
    Loop
    gcd = x
End Function
```

用各种调试工具，调试上面的程序。

1) 逐语句调试

方法：① 连续按下"F8"键。

② 选择"调试"菜单中的"逐语句"命令。

③ 单击"调试"工具栏上的"逐语句"按钮。

2) 逐过程调试

方法：① 按下 Shift + "F8"键。

② 选择"调试"菜单中的"逐过程"命令。

③ 单击"调试"工具栏上的"逐过程"按钮。

观察用上面两种方法调试程序的过程有什么不同。

3) "立即"窗口

"立即"窗口可以在程序运行时使用，也可以在中断模式下使用。程序运行后，分别输入 4 和 8。

① 如图 12-2 所示，设置断点。

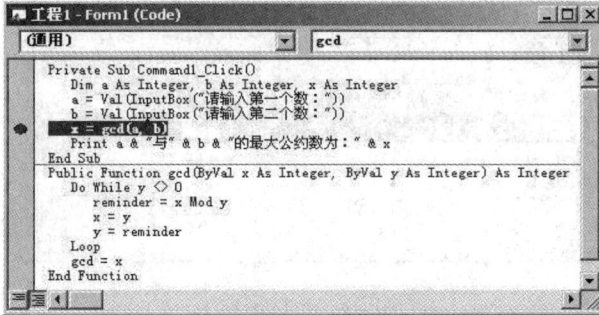

图 12-2　设置断点

在"立即"窗口中输入语句 Print x 后结果如图 12-3 所示。

图 12-3　立即窗口

② 如图 12-4 所示，设置断点。

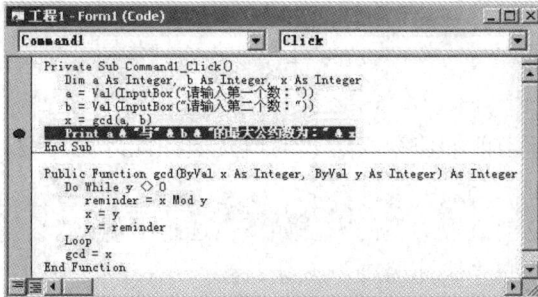

图 12-4　重新设置断点

在"立即"窗口中输入语句 Print x 后结果如图 12-5 所示。

```
print x
     4
```

图 12-5　立即窗口

思考：在"立即"窗口输入同一条语句后，结果为什么不同？

4)　"本地"窗口

"本地"窗口只有在程序处于中断状态下才可以使用，用于显示当前过程中所有变量的值。运行上面的程序，分别输入 4 和 8。

① 设置断点，如图 12-2 所示，观察图 12-6 所示"本地"窗口 1 的变量值。

② 设置断点，如图 12-4 所示，观察图 12-7 所示"本地"窗口 2 的变量值。

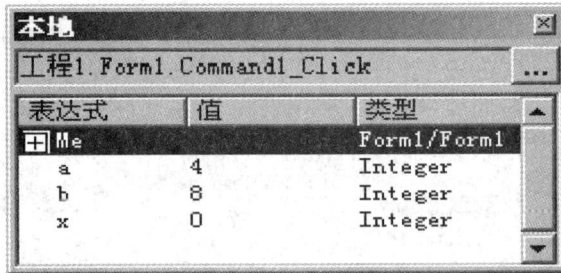

图 12-6　本地窗口 1

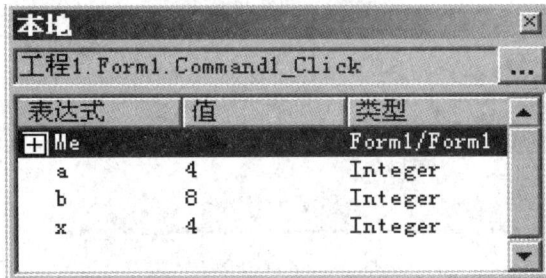

图 12-7　本地窗口 2

通过观察我们发现，当设置断点的位置不一样的时候，本地窗口的内容也会跟着不一样，为什么？

5)　"监视"窗口

"监视"窗口中显示当前的监视表达式的值。但在此之前的设计阶段，必须添加监视表达式并设置监视类型。

添加监视表达式并设置监视类型的方法如下：选择"调试"菜单的"添加监视"命令或利用"调试"工具栏上的"快速监视"按钮。

① 程序运行界面如图 12-8 所示。

② 添加监视表达式如图 12-9 所示。

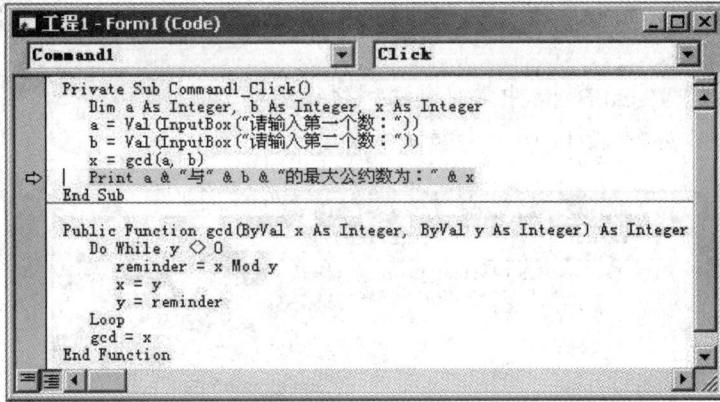

图 12-8 程序运行窗口

图 12-9 添加监视表达式

③ 当程序运行时，"监视"窗口如图 12-10 所示。

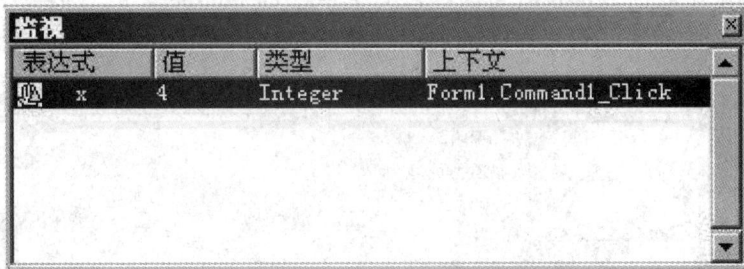

图 12-10 "监视"窗口

6) 中断调试

在调试程序时，可设置断点来中断程序的运行，然后跟踪检查相关变量、属性和表达式的值是否在预期的范围内。

在中断模式下，可以直接查看某个变量的值，只要将鼠标指针停留在该变量上即可。进入中断模式后，如要继续运行程序，可再次按"运行"按钮。

如果要清除设置的断点，可在断点行的空白处单击鼠标，或按下"F9"键。若要清除所有断点，则选择"调试"菜单中的"清除所有断点"命令。

另外，在上述程序中设置断点后，在运行程序时，当鼠标停留在任意变量上时，会显示此时相应变量的值。

【实验 12-2】 Visual Basic 中常见的三种错误类型。

(1) 编译错误。如图 12-11 所示为编译错误。

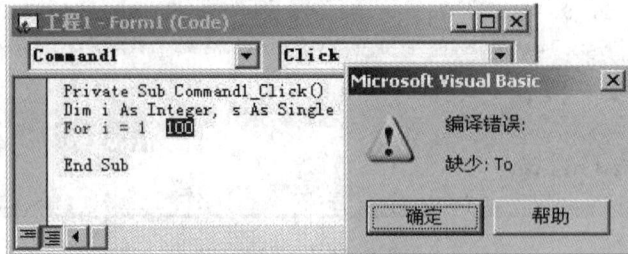

图 12-11   编译错误

(2) 运行错误。有如下代码：

```
Private Sub Command1_Click()
    Dim number As Integer
    Dim total As Double
    Dim aver As Double
    total = Val(Text1.Text)
    number = Val(Text2.Text)
    aver = total / number
    Text3.Text = aver
End Sub
```

该程序在计算平均值时，很有可能在没有提供参数 number，或者提供了不合法的值时产生除数为 0 的错误，从而引起程序的崩溃，如图 12-12 所示。

图 12-12   运行错误

单击"结束"按钮可以结束程序，也可以单击"调试"按钮来查找是哪一条语句发生了错误，以便于修改。

(3) 逻辑错误。逻辑错误指的是程序可以执行，但就是得不到用户所希望的结果。

编写程序代码如下：

```
Private Sub Command1_Click()
    Dim i As Integer, s As Single
```

```
        While i <= 100
            s = s + i
        Wend
        Print "s="; s
    End Sub
```

思考：上面的程序有什么错误，应该如何改进？

【实验12-3】 错误捕获及处理。

设计一个完整的错误处理程序，用于处理当从 A 盘读数据时可能遇到的错误。

```
    Private Sub Command1_Click()
        On Error GoTo fileerr
        Form1.Picture = LoadPicture("a:\a.bmp")
        Exit Sub
    fileerr:
        ' 错误处理程序
        Select Case Err.Number
            Case 71
                retval = MsgBox("请插入软盘!", vbOKCancel)
                If retval = vbOK Then
                    Resume
                Else
                    Resume Next
                End If
            Case 53
                msgtxt = "没有找到文件，请确认文件的位置!"
                retval = MsgBox(msgtxt, vbOKCancel)
                If retval = vbOK Then
                    Resume
                Else
                    Resume Next
                End If
            Case Else
                ernum = Str(Err.Number)
                erdesp = Err.Description
                MsgBox "程序错误号为："& ernum & vbCrLf & "程序出错描述为："& rdesp
        End Select
    End Sub
```

fileerr:标号后的程序是错误处理程序，通过 select case 语句来实现错误处理控制。它是通过 Err.Number 来判断错误类型的。若计算机无软驱，程序执行后将出现如图 12-13 所示的提示框。

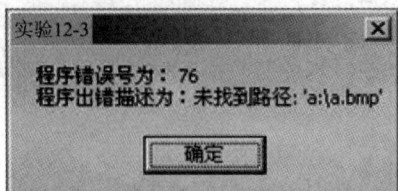

图 12-13　错误控制程序提示

三、实训练习

(1) 如下程序，仿照上面的例子使用各种调试工具调试程序。

```
Private Sub Command1_Click()
    Dim a As Integer, b As Integer, c As Integer
    a = Val(InputBox("请输入第一个数："))
    b = Val(InputBox("请输入第二个数："))
    c = Val(InputBox("请输入第三个数："))
    Print a, b, c
    If a > b Then Call exchange(a, b)
    If a > c Then Call exchange(a, c)
    If b > c Then Call exchangc(b, c)
    Print a, b, c
End Sub
Public Sub exchange(x1 As Integer, x2 As Integer)
    Dim t As Integer
    t = x1: x1 = x2: x2 = t
End Sub
```

(2) 参照实验 12-2 中的程序段，思考该程序段可能发生的错误，并写出错误处理程序。

提示：考虑除数是否为 0 的情况。

—98—

第二部分
习题参考解答

习题 1 参考解答

一、选择题

1. B　2. C　3. A　4. A　　5. A　6. A　7. B

二、填空题

【1】面向对象的　【2】事件驱动　【3】窗体　【4】标准模块

【5】类模块　　【6】工程　　【7】工程　　【8】F5

【9】设计　　　【10】运行　　【11】中断

三、判断题(对的选"T"，错的选"F")

1. T　2. T　3. T　4. F　5. T　6. T　7. F　8. T

四、简答题

1. 简述 Visual Basic 6.0 的特点。

【参考解答】(1) 可视化的设计平台。在设计界面时，程序员不必编写大量程序代码，只需按要求用系统提供的工具在界面上"画出"界面式样即可，Visual Basic 6.0 系统自动生成界面设计代码。

(2) 面向对象设计方法。Visual Basic 6.0 运用面向对象的编程方法，把每个程序与对象结合起来，并赋予每一个对象相应的属性。

(3) 事件驱动编程机制。Visual Basic 6.0 通过事件来执行对象的操作，这些事件分别由不同对象的相应动作，即事件来完成，这些事件没有固定的先后执行顺序。

(4) 结构化设计语言。具有顺序、分支、循环三大类结构，使程序设计条理清晰，可读性强。

(5) 充分利用 Windows 资源。利用了动态数据交换(DDE)编程技术、对象链接与嵌入(OLE)技术和动态链接库(DDL)技术，可以充分利用 Windows 资源。

(6) 支持大型数据库的连接与存取。Visual Basic 6.0 提供了强大的数据库管理和存取操作，可开发各种大型的客户、服务器应用程序。

2. 什么是对象？什么是对象的属性、事件与方法？

【参考解答】从广义上来说，对象(Object)是客观事物中的一个实体。在可视化编程语言中，对象是代码和数据的集合，它可以是窗体和控件，也可以是菜单或数据库等。

对象的属性(Property)是描述对象的一组特征，即描述对象特征的数据，如设置对象的名称、标题、颜色、大小等。

对象的事件(Event)是预先定义好的、能够被对象识别的动作，即对象能够响应的外部施加的动作。在 Visual Basic 6.0 中，系统为每个对象预先定义了一系列的事件，如单击(Click)事件、双击(DblCick)事件、装载(Load)事件、鼠标移动(MouseMove)事件等，不同的对象能够识别不同的事件。

对象的方法是在对象上实施某种操作的效果，即对象自身能够完成某种操作的功能，如打印(Print)方法、显示窗体(Show)方法等，用户可直接调用，不能进行修改。

对象的属性是描述对象的一组特征，即描述对象特征的数据，如设置对象的名称、标题、颜色、大小等。

3. 请举例说明对象、属性、事件和方法之间的关系。

对象、属性、事件和方法之间的关系如下：

(1) 对象一般具有属性、事件和方法三个方面。属性是对象的基本特征；事件是对象能够响应的动作；方法是对象自身能够完成的动作。

(2) 属性、事件和方法都是相当于某个对象而言的，因此在使用对象的属性、事件和方法时应先指明是哪个对象。

(3) 对象的事件和方法的主要区别在于：对象的事件是被动的、由外力驱使的动作；对象的方法是主动的、自身所能够完成的动作。

比如说，气球就可以被抽象为一个对象(将气球用数据和代码表示出来)。它的颜色、目前的状态(是否被充气)、充的什么气体、能够承受多大的压力，等等，这些就是它的属性。它的一些属性是很难改变的，如颜色；但有的属性是可以通过事件和方法来改变的，如状态。用针去扎一个充满气体的气球时，它就会爆炸、变瘪，则可以将用针去扎气球抽象为事件，而将气球爆炸、变瘪抽象为方法。

(4) 对象的属性和方法的设置与调用也不同。对象的属性有的可直接在设计界面时通过属性窗口进行设置，有的可以在事件过程或调用过程代码中进行设置。不能在设计界面时调用对象方法，一般在调用过程代码时可随意调用方法，根据需要还可以添加适当的参数。在代码设计中设置对象属性和调用对象方法的一般格式为

      对象名.属性名=属性值　　　(设置对象属性)

      对象名.方法名　　　　　　(调用对象方法)

如设置文本框(Text1)的文本属性(Text)为"计算机世界"

      Text1.Text="计算机世界"

隐藏窗体 Form2 的方法：

      Form2.Hide

4. 简述事件驱动的含义。

【参考解答】只有在窗口中有关位置进行键盘输入或单击鼠标，程序才会做出响应的程序运行方式称为事件驱动方式。键盘输入、鼠标单击等就是事件。

在 Visual Basic 6.0 程序设计中，代码不是按照预定的路径执行的，而是在响应不同的事件时执行不同的代码片段，这种程序运行方式称为事件驱动方式。由于事件激活的顺序是无法预测的，因此在用 Visual Basic 6.0 编写程序(事件驱动方式程序)时，不需要事先精心设计好各种运行顺序，用户也不一定会按照规定的顺序去操作，而可能随心所欲地单击窗口中的各个对象。但在代码中必须对执行时的"各种状态"做一定的假设，以便能够响应各种外部施加的动作。事件可以由用户的操作触发，也可以由来自操作系统或其他应用程序的消息触发，甚至由应用程序本身的消息触发，这些引起事件的顺序决定了代码的执行顺序，因此，应用程序每次经过的代码可能不同。

5. Visual Basic 6.0 集成开发环境由哪些部分组成？每部分的主要用途是什么？

【参考解答】Visual Basic 6.0 集成开发环境由主窗口、工具箱、窗体设计器、属性窗口、代码窗口、工程资源管理器、窗体布局窗口等组成。各部分功能如下：

(1) 主窗口：由标题栏、菜单栏、工具栏和数据显示区组成。

(2) 工具箱：包含程序设计中常用的内部控件，用户可从中选择控件，设计用户界面。在工具箱中还可以添加新的选项卡，而且在选项卡中能够添加工程所需要的其他控件，这有利于程序设计中资源的管理和应用。

(3) 窗体设计器：主要用来进行界面设计。可以将工具箱中的控件拖放到窗体对象上，设计出需要的界面。

(4) 属性窗口：包含用户界面上所选对象的属性列表，设计程序时通过修改对象的属性来改变对象的外观和相关数据。

(5) 代码窗口：用来编辑代码的窗口。

(6) 工程资源管理器：包含创建一个应用程序的所有文件的列表，如窗体文件(.frm)、类模块文件(.cls)、标准模块文件(.bas)等。其中文件以类别按层次结构图的方式显示。在工程管理窗口中还提供了"查看代码"和"查看对象"的选择按钮，通过这两个按钮能够方便地在"代码编辑器"和"窗体设计器"之间切换。

(7) 窗体布局窗口：用来调节用户界面窗口运行时在屏幕上的显示位置。

6．简述开发 Visual Basic 6.0 应用程序的基本步骤。

【参考解答】在 Visual Basic 6.0 中，程序设计过程基本分为 6 步：

(1) 创建新工程，并在当前工程中建立新窗体。

(2) 在窗体上绘制所需控件，并设置窗体及控件的属性。

(3) 编写事件代码。

(4) 保存工程。

(5) 运行并调试代码。

(6) 编译工程，生成可执行应用程序。

7．如何使用 Visual Basic 6.0 帮助系统？

【参考解答】Visual Basic 6.0 提供了功能强大的帮助系统。学习 Visual Basic 6.0 程序设计，首先应该了解帮助系统的使用方法，以便随时获取必要的编程帮助信息。

Visual Basic 6.0 联机帮助系统位于 MSDN Library 中。其内容包括：

(1) Visual Basic 6.0 的所有手册，提供了有关使用 Visual Basic 6.0 强大功能的概念性信息。

(2) 语言参考，包括 Visual Basic 6.0 编程环境和广泛的语言内容信息。

(3) Visual Basic 6.0 联机链接，提供指向 World Wide Web 中 Visual Basic 6.0 信息资源的指针。

(4) Microsoft 产品支持服务，提供技术支持信息。

注意：要使用联机帮助系统，安装 Visual Basic 6.0 时必须安装 MSDN Library。MSDN 光盘中包括 Microsoft Visual Studio 软件包(Visual Basic 6.0 是其中一员)中所有软件的帮助系统，可以直接从 MSDN 光盘中查看文档(必须经过 MSDN 安装过程)，或者在 MSDN 安装过程中选择自定义 Visual Basic 6.0 安装，只安装 Visual Basic 6.0 的文档和示例到计算机上。

Visual Basic 6.0 帮助系统的内容包括：

(1) 使用在线帮助。使用 MSDNLibrary 在线帮助是最常用的求助方法。在 Visual Basic 6.0 集成开发环境的"帮助"菜单中，选择"内容"、"索引"或"搜索"命令，都可以打开在线帮助窗口。Visual Basic 6.0 在线帮助的使用与浏览网页的方法基本相同，十分直观灵活。

(2) 使用上下文相关帮助。Visual Basic 6.0 的许多部分是上下文相关的。只需将光标插入点置于"代码"窗口中的关键词上并按 F1 键即可打开在线帮助窗口，并在右侧的内容栏里显示该关键词的帮助信息。

(3) 运行"帮助"中的代码示例。"帮助"中的许多主题包含一些代码示例，在 Visual Basic 6.0 中稍做一些工作，即可试运行它们。

五、编程题

1．设计步骤如下：

(1) 首先在用户磁盘 D 中创建一个名为"My VB Program"的文件夹。

(2) 启动 Visual Basic 6.0 并新建一个"标准 EXE"工程。

(3) 代码设计如下：

```
Private Sub Form_Click()
    Form1.Caption = "VB 程序设计"
    Print "欢迎您使用 Visual Basic 6.0"
End Sub
```

(4) 单击工具栏中的保存按钮，在对话框的"保存在"列表框中，找到 D 盘的"My VB Program"文件夹，在文件名文本框中分别输入相应的窗体和工程文件名"MyProgram1"。

(5) 按 F5 键或单击工具栏中的运行按钮 ▶，运行、调试程序。

(6) 单击运行窗口右上角的关闭按钮，返回到设计状态。

注意：设计完成后，先保存程序，再运行、调试。

2．设计步骤如下：

(1) 启动 Visual Basic 6.0 并新建一个"标准 EXE"工程。

(2) 界面设计：在窗体窗口中添加 3 个标签框、3 个文本框和 2 个命令按钮，并将 Form1 窗体调整为如图 1-1 所示大小。

(3) 属性设置：设置窗体的 Caption 属性为"计算长方形的面积"；设置三个标签框的 Caption 属性值分别为"长:"、"宽:"和"面积:"；设置两个命令按钮的 Caption 属性值分别为"计算"和"退出"。

(4) 代码设计如下：

```
Private Sub Command1_Click()
    Text3.Text = Val(Text1.Text) * Val(Text2.Text)
End Sub
Private Sub Command2_Click()
    End
End Sub
```

(5) 保存文件，输入窗体和工程文件名"MyProgram2"。

(6) 运行程序。按 F5 键或单击工具栏中的运行按钮，启动运行程序，如图 1-1 所示。分别在标为"长"和"宽"的文本框中输入相应的数值，单击"计算"按钮，运算结果就出现在面积对应的文本框中。

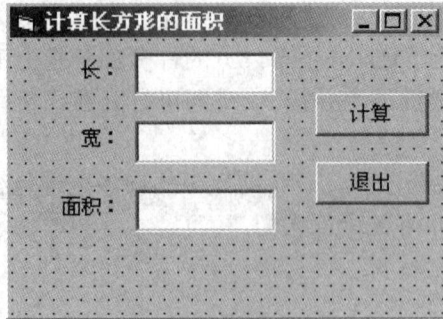

图 1-1　程序运行结果

(7) 单击"退出"按钮或运行窗口右上角的关闭按钮，返回到设计状态。

习题 2 参考解答

一、选择题

1．B	2．AB	3．C	4．C	5．B
6．B	7．A	8．A	9．B	10．A
11．B	12．D	13．B	14．B	15．D
16．A	17．C	18．B	19．D	20．B
21．D	22．D	23．A	24．A	25．A
26．C	27．C	28．D		

二、填空题

【1】　False　　　　【2】　2*a*(7+b)　　【3】　4　　　　　【4】　5

【5】　034.6　　　　【6】　12345.68　　　【7】　−4　　　　　【8】　3

【9】　−3　　　　　【10】　3

【11】　(2−sin(31*3.14/180)+sqr(17))/(3*x^2+17*y^2)

【12】　sqr(abs(a*b−c^3))　　　　　【13】　引号　　　　　【14】　#

【15】　date　　　　【16】　9　　　　【17】　9　10　11　　【18】　600.3

【19】　int(Rnd*11+1)　　　　　【20】　i+1　　　　　【21】　1

【22】　and　　　　【23】　d

【24】　(year mod 4=0) and (year mod 100 <>0) or (year mod 400=0)

三、简答题

1．常量和变量有什么区别？

【参考解答】常量和变量的区别是常量被定义之后，在程序的整个运行过程中只能被使用，不会改变；而变量被定义之后，在程序运行过程中可以被多次改变。

2．Visual Basic 6.0 定义了哪几种数据类型？声明类型关键字分别是什么？其类型符又是什么？变量有哪几种数据类型？常量有哪几种数据类型？

【参考解答】Visual Basic 6.0 定义了 11 种数据类型，它们是整型、长整型、单精度浮点型、双精度浮点型、货币型、字节型、字符串型(定长和变长)、布尔型、日期型、对象型、可变类型(数值和字符)。

声明类型关键字和类型符见表 2.1。

表 2.1　数据类型声明关键字和类型符

数据类型	关键字	类型符	数据类型	关键字	类型符
字节型	Byte	无	货币型	Currency	@
布尔型	Boolean	无	日期型	Date(Time)	无
整型	Integer	%	字符串型	String	$
长整型	Long	&	对象型	Object	无
单精度浮点型	Single	!	可变类型	Variant	无
双精度浮点型	Double	#			

变量的数据类型有数值型、字符型、布尔型、日期型、对象型、可变数据类型。其中，数值型变量的数据类型有整型、长整型、单精度浮点型、双精度浮点型、货币型和字节数据类型。字符型变量的数据类型有变长字符串和定长字符串。

常量的数据类型有字符串常量、数值常量、布尔常量、日期常量。

3．运算符有哪些类型？其优先级如何？

【参考解答】Visual Basic 6.0 中的运算符有算术运算符、关系运算符、逻辑运算符、字符串连接运算符四类。

运算符的优先顺序为先处理算术运算符，接着处理关系运算符，然后再处理逻辑运算符。所有比较运算符的优先顺序都相同，也就是说，要按它们出现的顺序从左到右进行处理。而算术运算符和逻辑运算符则必须按表 2.2 所列优先级顺序进行处理。

表 2.2　算术运算符和逻辑运算符的优先级

算术运算符	逻辑运算符	优先级	算术运算符	逻辑运算符	优先级
指数运算(^)	Not	1	求模运算(Mod)	Eqv	5
负数(−)	And	2	加法和减法(+、−)	Imp	6
乘法和除法(*、/)	Or	3	字符串连接(&、+)		
整数除法(\)	Xor	4			

当同级运算(加法和减法、乘法和除法)同时出现在表达式中时，每个运算都按照它们从左到右出现的顺序进行计算。可以用括号改变优先级顺序，括号内的运算总是优先于括号外的运算。但是，在括号内，运算符的优先级顺序不变。

字符串连接运算符(&、+)不是算术运算符，它在所有算术运算符之后，而在所有比较运算符之前进行运算。

4．Visual Basic 6.0 有几种表达式？根据什么确定表达式的类型？请对各种类型的表达式各举一例。

【参考解答】有 6 种表达式：算术表达式、字符表达式、关系表达式、布尔表达式、日期表达式和对象表达式。Visual Basic 6.0 是根据表达式的运算符和运算结果来确定表达式的类型的。例如：

算术表达式：((10+(7*9−13)/5)/9)^2　　　其运算结果仍为一算术值 16。

字符串表达式："I am a"&"student"　　　其运算结果仍为一字符串"I am a student"。

关系运算符：2*3+6<=(7+2)/3　　　该表达式是由关系运算符<=连接起来的两个算术表达式，要求算出两侧算术表达式的值后再进行比较，判断出它不满足大于等于的关系，其运算结果为 Boolean 型数据 False。

布尔表达式：2+1> And 5<3　　　该表达式是由布尔运算符连接起来的关系表达式，先进行两侧的关系运算后，再进行 And 运算，其运算结果仍为布尔型数据，即 False。

日期表达式：#10/28/2008#−#10/28/2008#　　　该表达式由算术运算符"−"、日期型常量组成，表示两个日期型数据相减，结果是一个数值型数据，即两个日期相差的天数为 11 天。

对象表达式：Text1.Text & "输入一个值"　　　该对象表达式是对对象的 Text 属性进行字符连接运算。

四、综合题

1．指出下列 Visual Basic 6.0 表达式中的错误，并写出正确的形式。

① CONTT.DE+cos(28°)　　　② −3/8+8・Int24.8

③ (8+6)^(4÷−2)+sin(2*π)　　　④ [(x+y)+z]×80−5(C+D)

【参考解答】正确的形式如下所示：

① CONTT*DE+cos(28*3.14159/180)　　　② (-3)/8+8*Int(24.8)

③ (8+6)^(4/(−2))+sin(2*3.14159)　　　④ ((x+y)+z)*80−5*(C+D)

2．将下列数学式子写成 Visual Basic 6.0 表达式。

① $\cos^2(c+d)$　　　② $5+(a+b)^2$

③ $\cos x(\sin x+1)$　　　④ e^2+2

⑤ $2a(7+b)$　　　⑥ $8e^3\cdot\ln2$

【参考解答】Visual Basic 6.0 表达式如下：

① Cos(c+d)^2 或 Cos(c+d)* Cos(c+d)　　　② 5+(a+b)^2 或 5+(a+b)*(a+b)

③ Cos(x)*(sin(x)+1)　　　④ Exp(2)+2

⑤ 2*a*(7+b)　　　⑥ 8*Exp(3)*Log(2)

3．设 a=2，b=3，c=4，d=5，求下列表达式的值。

① a>b AND C<=d OR 2*a>c

② 3>2*b OR a=c AND b<>c OR c>d

③ Not a<=c OR 4*c=b^2 AND b<>a+c

【参考解答】

① False　　　　　② False　　　　　③ False

4．在"立即"窗口中验证下列函数操作。

【参考解答】

① 参见图 2-1 所示。

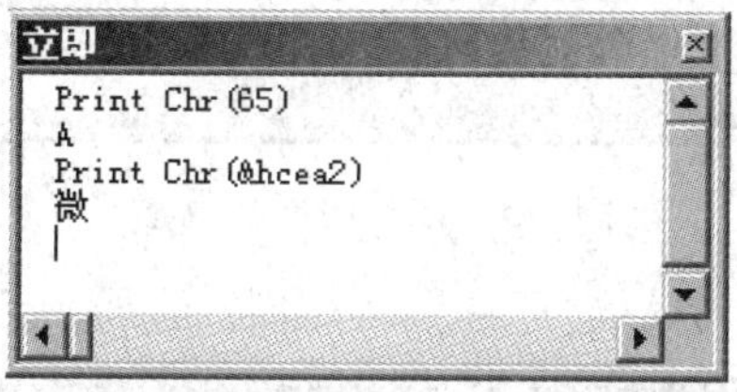

图 2-1　试验内部函数①

② 参见图 2-2 所示。

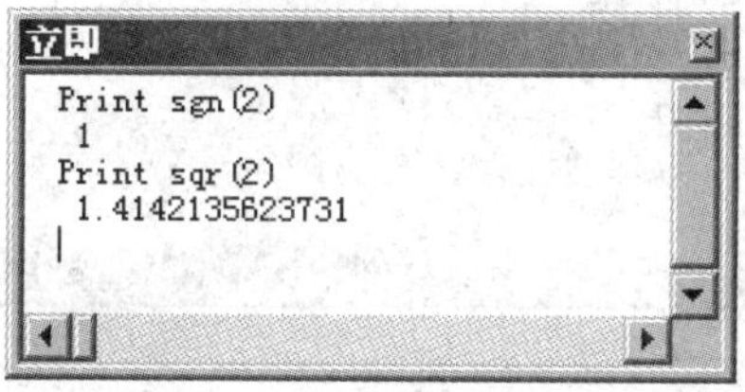

图 2-2　试验内部函数②

③ 参见图 2-3 所示。

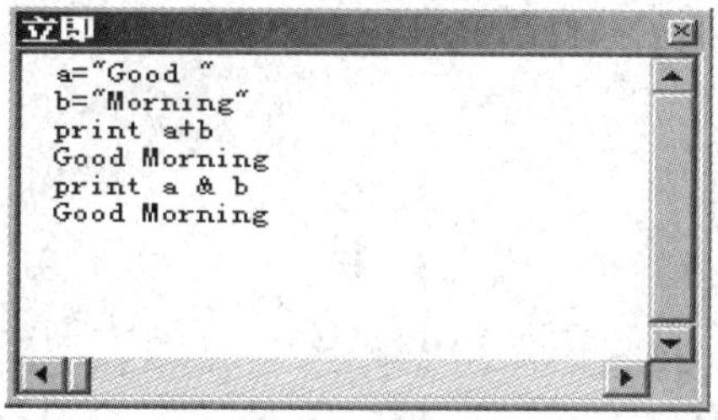

图 2-3　试验内部函数③

④ 参见图 2-4 所示。

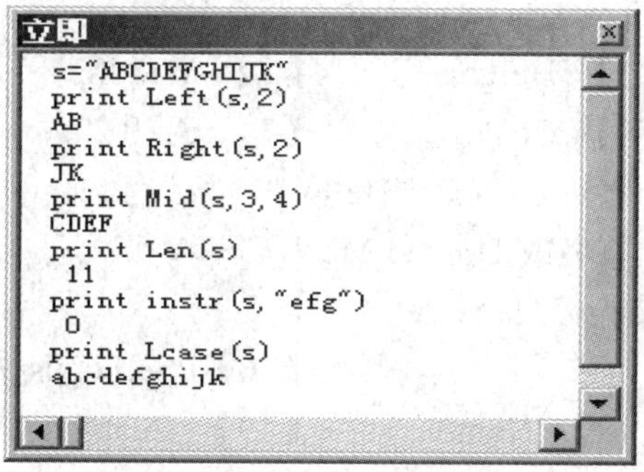

图 2-4　试验内部函数④

⑤ 参见图 2-5 所示。

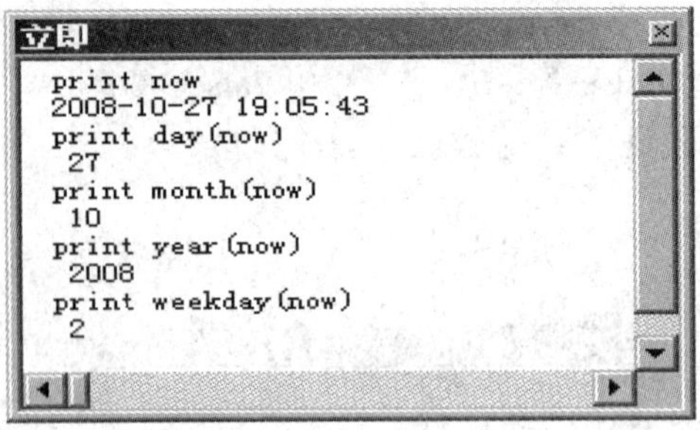

图 2-5　试验内部函数⑤

⑥ 参见图 2-6 所示。

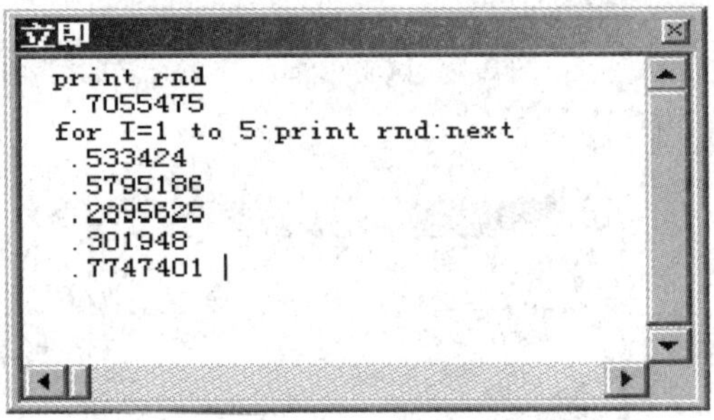

图 2-6　试验内部函数⑥

习题 3 参考解答

一、选择题

1. C	2. C	3. C	4. C	5. D
6. B	7. B	8. B	9. D	10. A
11. C	12. C	13. C	14. B	15. D
16. C	17. D	18. A, D	19. D	20. D
21. A	22. C	23. D	24. C	25. A

二、填空题

【1】 Windows 　　【2】 Height 　　【3】 Width 　　【4】 DblClick

【5】 中央 　　【6】 Ctrl 　　【7】 Shift 　　【8】 Icon

【9】 Text1 = "Hello!"或 Text1.text="Hello!" 　　【10】 Load 窗体对象名

【11】 UnLoad 窗体对象名或 Unload Me 　　【12】 窗体对象名.Show

【13】 窗体对象名.Hide 或 Me.Hide 　　【14】 Change 事件

【15】 KeyPress 事件 　　【16】 SetFocus 方法

【17】 2 　　【18】 Name 　　【19】 Enabled 　　【20】 F1

三、简答题

1．Name 和 Caption 属性有何区别？

【参考解答】Name 在属性窗口中表示对象的名称，是每个对象都具有的最基本的属性，是对象的名字。该属性在程序运行中只能被引用，而不能被修改。创建对象时，Visual Basic 6.0 自动给对象分配一个缺省的名称，此属性只能在设计时在属性窗口中修改。Caption 属性表示对象的标题。窗体和许多控件都具有 Caption 属性。对于窗体，该属性是显示在标题栏中的文本；对于控件，该属性是显示在控件中或是附在控件之后的文本。创建对象时，其缺省标题与缺省的 Name 属性值相同。Caption 属性既可在设计时的属性窗口中修改，也可在代码窗口中赋值。

2．标签和文本框的区别是什么？

【参考解答】标签和文本框的共同点是都可以在窗体上显示文字。不同点是标签的内容在 Caption 属性内，在窗体上只能显示文字，不能编辑；文本框内容在 Text 属性内，在窗体上可直接对内容进行编辑。

3．请指出何时发生对象的 MouseDown、MouseUp 和 MouseMove 事件？

【参考解答】当鼠标的任意一个按钮被按下时，触发 MouseDown 事件；当鼠标的任意一个按钮被释放时，触发 MouseUp 事件；当鼠标被移动时，触发 MouseMove 事件。

4．KeyDown 与 KeyPress 事件的区别是什么？

【参考解答】用户按下并且释放一个会产生 ASCII 码的键时，触发 KeyPress 事件；用户按下键盘上任意一个键时，触发 KeyDown 事件。KeyDown 与 KeyPress 事件的主要区别如下：

(1) 从时间上来说，按下键盘上的一个键立即触发 KeyDown 事件，但此时没有引发 KeyPress 事件。只有在释放该按键时才触发 KeyPress 事件。

(2) 用户按下键盘中的任意键就会在相应对象引发 KeyDown 事件，但是并不是按下和释放键盘上的任意一个键都会引发 KeyPress 事件，KeyPress 事件只对会产生 ACSII 码的按键有反应，包括数字、大小写字母、Enter、Backspace、Esc、Tab 等。对于方向键等不会产生 ACSII 码的按键，KeyPress 事件不会被触发。

5．如果在 KeyDown 事件过程中将 KeyCode 设置为 0，KeyPress 的 KeyAscii 参数会不会受影响？如果输入的对象是文本框，那文本框的内容是否有影响？

【参考解答】如果在 KeyDown 事件过程中将 KeyCode 设置为 0，KeyPress 的 KeyAscii 参数不会受影响；如果输入的对象是文本框，文本框的内容也不会有影响。

6．请说明键盘扫描代码(KeyCode)与键盘 ASCII 码(KeyAscii)的区别。

【参考解答】键盘扫描代码(KeyCode)是键盘按键的编码，它告诉事件过程用户所操作的物理键。也就是说，大写字母和小写字母使用同一个键，它们的 KeyCode 相同。对于有上档字符和下档字符的键，其 KeyCode 也是相同的，为下档字符的 ASCII 码。

四、综合题

1．【1】Command1.Enabled = True   【2】Command1.Enabled = False

2. 【参考解答】

(1) 设计窗体界面。按照题意要求在窗体上添加 3 个命令按钮控件。

(2) 设置对象属性。设置窗体及控件属性如表 3.1 所示。

表 3.1 对象属性设置

对　象	属　性	属　性　值	对　象	属　性	属　性　值
窗体	Name	frmChange	命令按钮 2	Name	cmdWidth
	Caption	窗体改变		Caption	改变窗体宽度
命令按钮 1	Name	cmdHeight	命令按钮 3	Name	cmdBackColor
	Caption	改变窗体高度		ScrollBars	改变窗体颜色

(3) 程序代码如下：

```
Private Sub Form_Click()                        '单击窗体
    Print
    Print "请单击右面的命令按钮"
End Sub
Private Sub cmdHeight_Click()                   '单击"改变窗体高度"按钮
    frmChange.Height = frmChange.Height - 400
End Sub
Private Sub cmdWidth_Click()                    '单击"改变窗体宽度"按钮
    frmChange.Width = frmChange.Width - 400
End Sub
Private Sub cmdBackColor_Click()                '单击"改变窗体颜色"按钮
    frmChange.BackColor = vbYellow
End Sub
```

3. 【参考解答】

(1) 设计如图 3-1 所示的窗体界面。

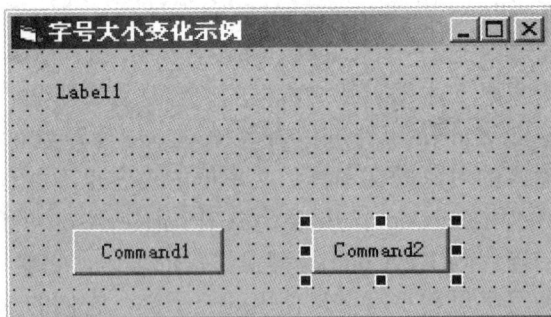

图 3-1　放大与缩小标签的字

(2) 属性对象设置。设置标签、命令按钮 1、命令按钮 2 的 Name(名称)属性分别为 lblDisplay、cmdReduce、cmdEnlarge；窗体 Caption 属性为"字号大小变化示例"，其余属性根据题目要求在代码中设置。

(3) 程序代码如下：

```
Private Sub Form_Load()
    lblDisplay.Caption = "VB 程序设计"
    cmdReduce.Caption = "缩小"
    cmdEnlarge.Caption = "扩大"
    lblDisplay.AutoSize = True
End Sub
Private Sub cmdReduce_Click()                    ' 单击使标签中的字缩小 1.2 倍
    lblDisplay.FontSize = lblDisplay.FontSize / 1.2
End Sub
Private Sub cmdEnlarge_Click()                   ' 单击使标签中的字扩大 1.2 倍
    lblDisplay.FontSize = lblDisplay.FontSize * 1.2
End Sub
```

4．【参考解答】

(1) 简要分析。屏幕、窗体及控件的高度和宽度分别通过 Height 和 Width 属性设置，而窗体及控件的位置分别通过 Height 和 Width 属性设置。对于窗体来说，其 Height 和 Width 属性指的是整个窗体的高度和宽度，包括标题栏和边框。如果使用这两个属性，可能会使文本框在窗体中不能真正居中显示，严格地说，不能使文本框在窗体的工作区中居中显示。为了使文本框位居窗体中心显示，应使用窗体的 ScaleHeight 和 ScaleWidth 属性。

(2) 添加控件及控件属性设置。在窗体上添加位置、大小任意的一个文本框控件，设置文本框的 Name(名称)属性为 txtCenter。

(3) 程序代码如下：

```
Private Sub Form_Click()
    Width = Screen.Width * 0.5                    ' 取屏幕宽度的一半
    Height = Screen.Height * 0.5                  ' 取屏幕高度的一半
    Left = (Screen.Width - Width) / 2             ' 使窗体居屏幕中心
    Top = (Screen.Height - Height) / 2
    txtCenter.Width = ScaleWidth * 0.5
    txtCenter.Height = ScaleHeight * 0.5
    txtCenter.Left = (ScaleWidth - txtCenter.Width) / 2     ' 使文本框居窗体中心
    txtCenter.Top = (ScaleHeight - txtCenter.Height) / 2
End Sub
```

上述过程把窗体的高度和宽度设置为屏幕高度和宽度的 1/2，把文本框的高度和宽度设置为窗体高度和宽度的 1/2，从而使窗体居屏幕中心，文本框居窗体中心。

5．【参考解答】

(1) 设计窗体界面。按照题意要求在窗体上添加 3 个标签控件，1 个文本框控件，1 个命令按钮控件。

(2) 设置对象属性。设置窗体及控件属性如表 3.2 所示。

表 3.2　对象属性设置

对　　象	属　　性	属　性　值
窗体(Form1)	Caption	登录
标签	Caption	请输入姓名：
命令按钮(Command1)	Caption	输入

属性设置完毕后，注意控件的大小和位置。

(3) 程序代码如下：

```
Private Sub Command1_Click()
    Label2.Caption = Text1.Text
    Label3.Caption = "欢迎使用此程序!"
End Sub
```

6. 【参考解答】

(1) 设计窗体界面。按照题意要求在窗体上添加 1 个文本框控件，2 个命令按钮控件。

(2) 设置对象属性。设置控件属性如表 3.3 所示。

表 3.3　对象属性设置

对　　象	属　　性	属　性　值
命令按钮 1(Command 1)	Caption	隐藏
命令按钮 2(Command 2)	Caption	结束
文本框(Text1)	Text	" "(空)

(3) 程序代码如下：

```
Private Sub Command1_Click()
    If Command1.Caption = "隐藏" Then
        Text1.Visible = False
        Command1.Caption = "显示"
    Else
        Text1.Visible = True
        Command1.Caption = "隐藏"
    End If
End Sub
Private Sub Command2_Click()
    End
End Sub
```

7. 【参考解答】

(1) 简要分析。某些应用软件有一定的保密性，不允许无关用户进入，对于这样的软件，可以设置用户口令，文本框的 PasswordChar 属性提供了这种功能。

(2) 设计窗体界面。按照题意要求在窗体上添加 1 个文本框控件，1 个标签框和 3 个命令按钮控件。

(3) 设置对象属性。设置窗体及控件属性如表 3.4 所示。

表 3.4　对象属性设置

对　象	属　性	属 性 值
窗体(Form1)	Caption	用文本框检查口令输入
文本框	Name	txtPassword
	PasswordChar	*
	Text	" "(空)
标签框	Name	lblRight
	BorderStyle	1-Fixed Single
命令按钮 1	Name	cmdStart
	Caption	开始
命令按钮 2	Name	cmdCheck
	Caption	检查口令
命令按钮 3	Name	cmdEnd
	Caption	结束

设计完成后的界面如图 3-2 所示。

(4) 程序代码如下：

```
Private Sub cmdStart_Click()
    txtPassword.Text = ""
    txtPassword.SetFocus
End Sub
Private Sub cmdCheck_Click()
    If txtPassword.Text = "123456" Then
        lblRight.Caption="口令正确，继续执行"    ' 标签框输出口令正确提示信息
    Else
        MsgBox "口令不对，请重新输入",,"错误"  ' 消息对话框提示输入口令错误
        cmdStart_Click                          ' 调用事件过程 cmdStart_Click
    End If
End Sub
Private Sub cmdEnd_Click()
    End
End Sub
```

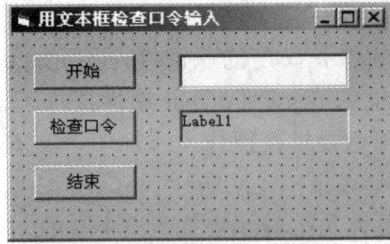

图 3-2　用文本框检查口令输入

8.【参考解答】

(1) 设计窗体界面。按照题意要求在窗体上添加 4 个标签框控件 Label1、Label2、Label3、Label4。

(2) 设置对象属性。

将窗体 Form1 的 Caption 属性设置为"ASCII 码值"，BorderStyle 属性设置为 1-Fixed Single，KeyPreview 属性设置为 True(使窗体先获得键盘事件)。将标签 Label1 的 Caption 属性设置为"输入字符："，标签 Label3 的 Caption 属性设置为"ASCII 码值："，标签 Label2 和 Label4 的 Caption 属性设置为空，并且将所有标签的字体都设置为宋体、粗体、三号。

设计完成后的界面如图 3-3 所示。

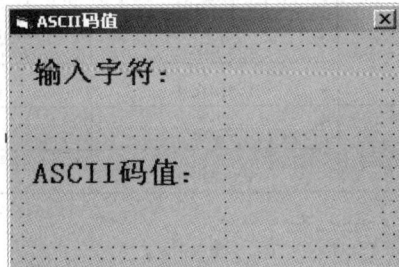

图 3-3　显示键盘各键的 ASCII 码值

(3) 程序代码如下：

```
Private Sub Form_KeyPress(KeyAscii As Integer)
    Label2.Caption = Chr(KeyAscii)
    Label4.Caption = KeyAscii
End Sub
```

程序运行界面如图 3-4。

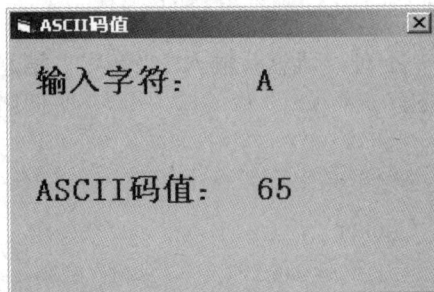

图 3-4　程序运行界面

习题4参考解答

一、选择题

1．D	2．D	3．C	4．B	5．D
6．C	7．A	8．D	9．C、B	10．C
11．A	12．C			

二、填空题

【1】 3

【2】 x>6 或 x>=6 或 x>=7

【3】 Sgn(x)

【4】 x<>0

【5】 max=m

【6】 x<min

三、阅读下列程序，写出运行结果

1．−3 visualbasic True .5

 −3visualbasicTrue .5

2．12.34

 12.34

 12.34

 012.340

 1234.00%

 $ 12.34

 +12.34

 12. 34E+00

3．t=945

4．1785   103

5．11

 −20

四、编程题

1．【参考解答】

(1) 设计窗体界面。按照题意要求在窗体上添加1个命令按钮控件。

(2) 分析提示：先利用累乘语句计算阶乘，然后利用累加语句计算和。

(3) 程序代码如下：

```
Private Sub Command1_Click()
    Dim i As Integer
    Dim t As Single
```

```
        Dim s As Single
        t = 1;  s = 0
        For i = 1 To 10
            t = t * i
            s = s + t
        Next i
        Print "1!+2!+3!+…+10!="; s
    End Sub
```

2. 【参考解答】

(1) 设计窗体界面。按照题意要求在窗体上添加 1 个命令按钮控件。

(2) 分析提示：仿照书上例题求和。

(3) 程序代码如下：

```
    Private Sub Command1_Click()
        Dim i As Integer, s1 As Integer, s2 As Integer
        For i = 1 To 100 Step 2
            s1 = s1 + i
        Next i
        For i = 2 To 100 Step 2
            s2 = s2 + i
        Next i
        Print "奇数之和为："; s1
        Print "偶数之和为："; s2
    End Sub
```

3. 【参考解答】

(1) 设计窗体界面。按照题意要求在窗体上添加 1 个命令按钮控件。

(2) 分析提示：注意条件"能被 3 和 5 整除"的写法，i Mod 3 = 0 And i Mod 5 = 0。

(3) 程序代码如下：

```
    Private Sub Command1_Click()
        Dim i As Integer
        For i = 1 To 100
            If i Mod 3 = 0 And i Mod 5 = 0 Then Print i
        Next i
    End Sub
```

4. 【参考解答】

(1) 设计窗体界面。按照题意要求在窗体上添加 1 个命令按钮控件。

(2) 分析提示：三个参数均用 Inputbox 函数从键盘输入，也可以用文本框来实现。

(3) 程序代码如下：

```
    Private Sub Command1_Click()
        Dim a As Single, b As Single, c As Single
```

```
        Dim x1 As Single, x2 As Single
        a = (InputBox("请输入 a 的值：", "求一元二次方程的根"))
        b = (InputBox("请输入 b 的值：", "求一元二次方程的根"))
        c = (InputBox("请输入 c 的值：", "求一元二次方程的根"))
        t = b ^ 2−4 * a * c
        If t < 0 Then
            Print "此方程无实根！"
        ElseIf t = 0 Then
            x1 =−b/2*a
            Print "x1=x2="; x1
        Else
            x1 = (−b+Sqr(t))/2*a
            x2 = (−b−Sqr(t))/2*a
            Print "x1="; x1
            Print "x2="; x2
        End If
    End Sub
```

5. 【参考解答】

(1) 设计窗体界面。按照题意要求在窗体上添加 1 个命令按钮控件。

(2) 分析提示：参照书上的例题。

(3) 程序代码如下：

```
    Private Sub Command1_Click()
        Dim i As Integer, j As Integer
        For i = 1 To 6
            Print Tab(20−i);
            For j = 1 To 8
                Print "* ";
            Next j
            Print
        Next i
    End Sub
```

6. 【参考解答】

(1) 设计窗体界面。按照题意要求在窗体上添加 1 个命令按钮控件。

(2) 分析提示：用 For 循环实现 100 到 999，百位数 a=s\100，十位数 b=(s−a*100)\10，个位数 c=s−a*100−b*10。

(3) 程序代码如下：

```
    Private Sub Command1_Click()
        Dim a As Integer, b As Integer, c As Integer, s As Integer
        For s = 100 To 999
            a = s \ 100
```

```
        b = (s−a * 100) \ 10
        c = s−a * 100−b * 10
        If s = a ^ 3 + b ^ 3 + c ^ 3 Then Print s
    Next s
End Sub
```

7. 【参考解答】

(1) 设计窗体界面。

(2) 分析提示：注意用转换函数 CStr( )。

(3) 程序代码如下：

```
Private Sub Form_Click()
    Dim i As Integer, m As Integer, n As Integer
    For i = 1 To 9
        Print Tab(9−i + 1);
        For m = 1 To i
            Print CStr(m);
        Next m
        For m = 1 To i−1
            Print CStr(i−m);
        Next m
        Print
    Next i
End Sub
```

习题 5 参考解答

一、选择题

1．A	2．B	3．B	4．C	5．D
6．B	7．C	8．A、B	9．C	10．B
11．D				

二、填空题

【1】 0 　　　　　　　　　　　　【2】 option base 1

【3】 dim A(5,−3 to 6) as integer 　　【4】 9

【5】 45 　　【6】 二 　　【7】 动态 　　【8】 可变数据

【9】 preserve 　　【10】 大于 　　【11】 整型 　　【12】 类型

【13】 控件名 　　【14】 属性 　　【15】 Lbound 　　【16】 Ubound

三、 阅读程序，写出输出结果

(1) 15   (2) 0　1　1　2   (3) 15　6   (4) 9　12　15

                        3　5　8　13   2　3　4

                        21　34　55   3　4　5

                                                           4　5　6

(5) 1　0　0　1   (6) 1

    0　1　1　0   2　4

    0　1　1　0   3　6　9

    1　0　0　1

四、编程题

1. 【参考解答】

(1) 设计窗体界面。按照题意要求在窗体上添加 1 个命令按钮控件。

(2) 分析提示：用随机函数 rnd 和取整函数 int 产生 10 个两位整数，表达式可以是 int(rnd*100+10)。设第一个数为最大值，保存在变量 Max 中，记录位置为 1，然后用 Max 与其他 9 个数比较，找出更大值，保存在变量 Max 中，同时保存相应的位置。

(3) 程序代码如下：

```
Private Sub Command1_Click()
Dim a(1 To 10) As Integer
For i = 1 To 10
        a(i) = Int(Rnd * 90 + 10)
Next i
Max = a(1): imax = 1
For i = 2 To 10
        If a(i) > Max Then
          Max = a(i)
          imax = i
        End If
Next i
Print "最大数是"; Max
Print "最大数是第" & Str(imax) & "个"
End Sub
```

2. 【参考解答】

(1) 设计窗体界面。

(2) 分析提示：假定两组数据分别放入数组 A 和数组 B 中，第三个数组为 C，则有

    C(1)= A(1)+B(1)

    C(2)=A(2)+B(2)

        ⋮

    C(8)=A(8)+B(8)

(3) 程序代码如下：

```
Option Base 1
Private Sub Form_Click()
    Dim A, B
    Dim C(8) As Integer
    A = Array(2, 4, 6, 8, 12, 24, 56, 80)
    B = Array(79, 45, 34, 56, 70, 4, 23, 30)
    For i = 1 To 8
        C(i) = A(i) + B(i)
    Next i
    Print
    Print "第一个数组为："; 
    For i = 1 To 8
        Print A(i); " ";
    Next i
    Print
    Print "第二个数组为："; 
    For i = 1 To 8
        Print B(i); " ";
    Next i
    Print
    Print "第三个数组为："; 
    For i = 1 To 8
        Print C(i); " ";
    Next i
End Sub
```

3. 【参考解答】

(1) 设计窗体界面。按照题意要求在窗体上添加 1 个命令按钮控件。

(2) 分析提示：用随机函数 rnd 和取整函数 int 产生 10 个 100 以内的整数，表达式可以是 int(rnd*100+1)，然后将 10 个数按冒泡排序法或选择排序法排序。下面用选择排序法将 10 个数排序。

(3) 程序代码如下：

```
Private Sub Command1_Click()
    Const n = 10
    Dim a(1 To n) As Integer
    Dim i As Integer, j As Integer, p As Integer, t As Integer
    Randomize
    For i = 1 To n
        a(i) = Int(100 * Rnd) + 1        ' 用随机数初始化数组
```

```
    Next i
    Print "随机产生的 10 个数"
    For i = 1 To n
    Print a(i);                              ' 输出原始序列
    Next i
    Print
    For i = 1 To n−1                         ' 对数组排序
        p = i
        For j = i + 1 To n                   ' 寻找最小元素
            If a(j) > a(p) Then p = j
        Next j
        If p <> i Then                       ' 交换数组元素
            t = a(i)
            a(i) = a(p)
            a(p) = t
        End If
    Next i
    Print "排序后的 10 个数"
    For i = 1 To n                           ' 输出排序后的序列
    Print a(i);
    Next i
End Sub
```

4. 【参考解答】

(1) 设计窗体界面。按照题意要求在窗体上添加 1 个命令按钮控件。

(2) 分析提示：本题要求将数组中的值按逆序重新存放，实际上是交换数组元素的位置，这与交互两个变量值的操作是类似的，需要引入一个临时变量。设数组有 10 个元素，只要将前 5 个元素与后 5 个元素对换，即第一个元素与第 10 个元素互换，第 2 个元素与第 9 个元素互换，……，第 5 个元素与第 6 个元素互换，即可实现逆序存放。

(3) 程序代码如下：

```
Private Sub Command1_Click()
    Print "原来的数是："
    Dim a(1 To 10) As Integer
    For i = 1 To 10
        a(i) = Int(Rnd * 100)
        Print a(i);
    Next i

    For i = 1 To 10 \ 2
        t = a(i)
```

```
        a(i) = a(10−i + 1)
        a(10−i + 1) = t
    Next i
    Print
        Print "倒置后的数是: "
    For i = 1 To 10
        Print a(i);
    Next i
End Sub
```

5. 【参考解答】

(1) 设计窗体界面。按照题意要求在窗体上添加 1 个命令按钮控件。

(2) 分析提示: 首先给二维数组赋值, 然后将行标和列标相等的元素累计相加。

(3) 程序代码如下:

```
Option Base 1
    Private Sub Command1_Click()
    Dim a(3, 3) As Integer
    Dim i As Integer, j As Integer
    Dim sum As Integer
    For i = 1 To 3
        For j = 1 To 3
            a(i, j) = Int(Rnd * 100)
        Next j
    Next i
    For i = 1 To 3
        For j = 1 To 3
            If i = j Then sum = sum + a(i, j)
        Next j
    Next i
    Print "对角线元素和为: "; sum
End Sub
```

6. 【参考解答】

(1) 设计窗体界面。按照题意要求在窗体上添加 1 个命令按钮控件。

(2) 分析提示: 分析杨辉三角的形式。可以找出其规律: 对角线和每行的第一个数均为 1, 其余各项是它的上一行中前一列元素和上一行的同一列元素之和, 可以写一个通式为

$$A(i,j)=a(i−1,j−1)+a(i−1,j)$$

(3) 程序代码如下:

```
Private Sub Command1_Click()
```

```
        Dim i as integer, j as integr,, n as integer
        Dim yh()
        n = InputBox("输入 N 的值")
        ReDim yh(1 To n, 1 To n)
        For i = 1 To n
            yh(i, 1) = 1: yh(i, i) = 1
        Next i
        For i = 3 To n
            For j = 2 To i−1
                yh(i, j) = yh(i−1, j−1) + yh(i−1, j)
            Next j
        Next i
        For i = 1 To n
            For j = 1 To i
                Print Tab(20−3 * i + 6 * j); yh(i, j);
            Next j
            Print
        Next i
    End Sub
```

7. 【参考解答】

(1) 设计窗体界面。

(2) 分析提示：5 个学生的 3 门课的成绩存放在一个二维数组 a(5, 3)中。程序中设置两重循环，用以实现每行和每列上的累加。采用赋值语句来输入学生成绩，并采用 Print 直接在窗体上输出结果。

(3) 程序代码如下：

```
    Option Base 1
    Private Sub Form_click()
        Dim a(5, 3) As Integer
        Dim i As Integer, j As Integer, s As Integer
        k = Array("数学", "英语", "计算机")            ' 输入课程名
        a(1, 1) = 69: a(1, 2) = 89: a(1, 3) = 74        ' 输入学生成绩
        a(2, 1) = 94: a(2, 2) = 80: a(2, 3) = 90
        a(3, 1) = 57: a(3, 2) = 62: a(3, 3) = 73
        a(4, 1) = 98: a(4, 2) = 94: a(4, 3) = 90
        a(5, 1) = 73: a(5, 2) = 76: a(5, 3) = 63
        Print "学生", "平均分"
        Print String(20, "-")                          ' 输出 20 个减号 "−"
```

```
    For i = 1 To 5
        s = 0                                ' 累加前清零
        For j = 1 To 3
            s = s + a(i, j)                  ' 累加同一行数据
        Next   j
        Print i, Format(s / 3, "##.0")
    Next   i
    Print
Print "课程", "平均分"
    Print String(20, "-")
    For i = 1 To 3
        s = 0
        For j = 1 To 5
            s = s + a(j, i)                  ' 累加同一列数据
        Next j
    Print k(i), Format(s / 5, "##.0")
    Next i
End Sub
```

习题6参考解答

一、选择题

1. B   2. D   3. A、D   4. C   5. C
6. B   7. D   8. B   9. B   10. A

二、填空题

【1】值传递   【2】地址传递   【3】byval   【4】byref

【5】函数名   【6】本模块   【7】public   【8】static

【9】局部   【10】窗体   【11】类   【12】标准

【13】事件   【14】sub 子过程

【15】function 函数过程   【16】()

三、阅读程序，写出输出结果

(1)   **   (2) 35   (3) 1 4 6   (4) 5 11 17 23   (5) zyxwvu
      ****
     ******
      ****
       **

四、编程题

1. 【参考解答】

(1) 设计窗体界面。按照题意要求在窗体上添加 1 个命令按钮控件。

(2) 分析提示：编写函数完成 n 个数相加的过程，在事件过程中调用该函数 n 次，并将其值相加。

(3) 程序代码如下：

```
Private Sub Command1_Click()
    Dim i As Integer
    Dim n As Integer, sumb As Integer
    n = InputBox("请输入 n 的值")
    For i = 1 To n
        sumb = sumb + sum(i)
    Next i
    Print "1+(1+2)+(1+2+3)+…(1+2+3+…+n)="; sumb
End Sub
Private Function sum(n As Integer)
    Dim i As Integer
    Dim m As Integer
    For i = 1 To n
        m = m + i
    Next i
    sum = m
End Function
```

2. 【参考解答】

(1) 设计窗体界面。按照题意要求在窗体上添加 1 个命令按钮控件。

(2) 分析提示：编写 N 的阶乘函数，在事件过程中调用求出 3!、5!、6!，将其值相加。

(3) 程序代码如下：

```
Private Sub Command1_Click()
    Dim s as double
    s = funcp(3) + funcp(5) + funcp(6)
    Print "3!+5!+6!="; s
End Sub
Private Function funcp(n As Integer)
    Dim f as integer
    f = 1
    For i = 1 To n
        f = f * i
    Next i
```

```
        funcp = f
     End Function
```

3．【参考解答】

(1) 设计窗体界面。按照题意要求在窗体上添加 1 个命令按钮控件。

(2) 分析提示：编写求两个数中较大值的函数过程，事件过程中嵌套调用(或调用先得到两个数中的较大数，再调用函数求三个数中的最大数)可求出三个数中的最大数。

(3) 程序代码如下：

```
     Private Sub Command1_Click()
          Dim x%, y%, z%, max
          x = InputBox("请输入 x 的值")
          y = InputBox("请输入 y 的值")
          z = InputBox("请输入 z 的值")
          max = funcm(funcm(x, y), z)
          Print "三个数中的最大数是: "; max
     End Sub
     Private Function funcm(a As Integer, b As Integer)
        If a > b Then
          funcm = a
        Else
          funcm = b
        End If
     End Function
```

4．【参考解答】

(1) 设计窗体界面。按照题意要求在窗体上添加 1 个命令按钮控件。

(2) 分析提示：编写函数判断一个数能否被 3、5、7 整除。一个数能被 3、5、7 整除，这个数与 3、5、7 的余数都为 0，可以用表达式 x Mod 3 = 0 And x Mod 5 = 0 And x Mod 7 = 0 表示。

(3) 程序代码如下：

```
     Private Sub Command1_Click()
        Dim i as integer
        For i = 1 To 1000
            funcn (i)
        Next i
     End Sub
     Private Function funcn(x As Integer)
        If x Mod 3 = 0 And x Mod 5 = 0 And x Mod 7 = 0 Then
          Print x;
        End If
     End Function
```

5. 【参考解答1】

(1) 设计窗体界面。按照题意要求在窗体上添加 1 个命令按钮控件。

(2) 分析提示：编写函数过程求两个数的最大公约数。该过程的算法思想如下：利用辗转相除法求两个数的最大公约数。对于两个自然数 m、n，先求它们相除的余数 r，即 r=m mod n，若 r=0，则 n 为最大公约数；否则，m=n，n=r，再求此时 m 和 n 相除的余数，直到余数为 0，将 n 的值赋给函数名。

(3) 程序代码如下：

```
Private Sub Command1_Click()
    Dim m%, n%
    m = InputBox("请输入 m 的值")
    n = InputBox("请输入 n 的值")
    Print   "m,n 的最大公约数为:"; gy(m,n)
    End Sub
    function gy(a As Integer, b As Integer) As Integer
       Dim r%
       r = a Mod b
       Do While r <> 0
          a = b
          b = r
          r = a Mod b
       Loop
       Gy=n
    End Sub
```

【参考解答2】

(1) 设计窗体界面。按照题意要求在窗体上添加 1 个命令按钮控件。

(2) 分析提示：函数过程用递归实现。

(3) 程序代码如下：

```
Private Sub Command1_Click()
    Dim m%, n%
    m = InputBox("请输入 m 的值")
    n = InputBox("请输入 n 的值")
    Print   "m,n 的最大公约数为:"; gy(m,n)
    End Sub
    Function gy(a As Integer, b As Integer) As Integer
    If a Mod b = 0 Then
       gy = b
       Else
       gy = gy(b, a Mod b)
    End If
```

End Function

6. 【参考解答】

(1) 设计窗体界面。按照题意要求在窗体上添加 1 个命令按钮控件。

(2) 分析提示：编写插入数据的过程，该过程有三个形参，分别是数组 a()、插入位置 n 和插入数 t，这三个数都是地址传递。过程完成从插入点到数组中最后一个数的移动，将这些数从最后一个数开始依次向后移动一位，然后将插入数添加到插入点。

(3) 程序代码如下：

```
Private Sub Command1_Click()
    Dim n%, n%, t%, i%
    Dim a(11) As Integer
    n = InputBox("请输入插入数的位置"),
    t = InputBox("请输入插入的值")
    Call insert1(a(), n, t)
    For i = 1 To 11
        Print a(i)
    Next i
End Sub
Sub insert1(a() As Integer, n As Integer, t As Integer)
    Dim i%, h%
    For i = 10 To n Step −1
        a(i + 1) = a(i)
    Next i
    a(n) = t
End Sub
```

7. 【参考解答】

(1) 设计窗体界面。按照题意要求在窗体上添加 1 个命令按钮控件。

(2) 分析提示：编写函数过程 count1，统计输入不正确密码的次数。利用静态变量在过程调用结束后，变量的值仍然保留的特点，在函数过程中累计调用的次数。在主调过程中密码不正确，调用函数过程 count1，直到不正确密码的次数超过限定次数(比如 3 次)，退出程序。

(3) 程序代码如下：

```
Private Sub Command1_Click()
    If Text1.Text = "123456" Then
        Print "口令正确"
    Else
        Print "口令不对，请重新输入"
        Text2.Text =str( count1)
        If Val(Text2.Text) > 3 Then
            Print "口令输入超过限定次数，退出"
```

```
                End
              End If
          End If
      End Sub
      Function count1() As Integer
          Static counter As Integer
          counter = counter + 1
          count1 = counter
      End Function
```

习题 7 参考解答

一、选择题

1. B	2. A	3. D	4. B	5. B
6. B	7. C	8. B	9. B	10. C
11. D	12. B	13. B	14. C	15. C

二、填空题

【1】 组合框　　【2】 True　　【3】 Autosize　　【4】 Stretch

【5】 0　　　【6】 Style　　【7】 Frame　　　【8】 0

【9】 Alignment　【10】 0　　【11】 ListCount-1　【12】 Clear

【13】 大于或等于 1　　　　【14】 Combo1.AddItem "软件工程系", 3

【15】 RemoveItem　【16】 BorderStyle　【17】 Timer　　【18】 毫秒

【19】 LargeChange　【20】 Min

三、编程题

1. 【参考解答】

(1) 根据所给图示设计界面。在窗体上创建 1 个标签、1 个文本框、1 个滚动条和 1 个命令按钮，标签的 Caption 属性设置提示信息，文本框显示由滚动条决定的年龄值。

(2) 设置对象属性。参照表 7.1 设置各控件的属性。

表 7.1　编程题 1 对象的属性设置

对象(名称)	属　性	属性值	对象(名称)	属　性	属性值
窗体(FormAge)	Caption	输入年龄	滚动条(HscrAge)	Max	18
标签(LblAge)	Caption	你的年龄		SmallChange	1
文本框(TxtAge)	Text	空		LargeChange	3
滚动条(HscrAge)	Min	1	命令按钮(CmdEnd)	Caption	结束

(3) 程序代码如下：

```
Private Sub CmdEnd_Click()
    End
End Sub
Private Sub HscrAge_Change()
    TxtAge.Text = HscrAge.Value
End Sub
```

2. 【1】AddItem"兰州" 【2】Click() 【3】Text1.Text 【4】Text

3. 【参考解答】

(1) 设计窗体界面。按照题意要求在窗体上添加 1 个文本框、3 个框架、2 组单选按钮和 1 组复选框。3 个框架用来分组，1 组单选按钮用来设置文本框中文字字体，1 组复选框用来设置字形，另一组单选按钮设置文字颜色。

(2) 设置对象属性。各对象属性设置如表 7.2 所示。

表 7.2 编程题 3 对象的属性设置

对象(名称)	属　性	属性值	对象(名称)	属　性	属性值
窗体(Form 1)	Caption	字体、字形设置	单选按钮(OptFont3)	Caption	楷体
文本框(Text1)	Text	欢迎学习VB6.0	复选框(ChkFont1)	Caption	粗体
框架(Frame1)	Caption	字体	复选框(ChkFont2)	Caption	斜体
框架(Frame2)	Caption	字形	复选框(ChkFont3)	Caption	下划线
框架(Frame3)	Caption	颜色	单选按钮(OptColor 1)	Caption	红色
单选按钮(OptFont1)	Caption	隶书	单选按钮(OptColor 2)	Caption	绿色
单选按钮(OptFont2)	Caption	幼圆	单选按钮(OptColor 3)	Caption	蓝色

(3) 程序代码如下：

```
Private Sub Form_Load()          ' 窗体加载时进行初始化
    OptFont1.Value = True
    Text1.FontName = "宋体"
    Text1.ForeColor = vbBlack
End Sub
Private Sub ChkFont1_Click()
    If ChkFont1.Value = 1 Then
        Text1.FontBold = True
    Else
        Text1.FontBold = False
```

```
        End If
    End Sub
    Private Sub ChkFont2_Click()
        If ChkFont2.Value = 1 Then
            Text1.FontItalic = True
        Else
            Text1.FontItalic = False
        End If
    End Sub
    Private Sub ChkFont3_Click()
        If ChkFont3.Value = 1 Then
            Text1.FontUnderline = True
        Else
            Text1.FontUnderline = False
        End If
    End Sub
    Private Sub OptColor1_Click()
        If OptColor1.Value = True Then Text1.ForeColor = RGB(255, 0, 0)
    End Sub
    Private Sub OptColor2_Click()
        If OptColor2.Value = True Then Text1.ForeColor = RGB(0, 255, 0)
    End Sub
    Private Sub OptColor3_Click()
        If OptColor3.Value = True Then Text1.ForeColor = RGB(0, 0, 255)
    End Sub
    Private Sub OptFont1_Click()
        If OptFont1.Value = True Then Text1.FontName = "隶书"
    End Sub
    Private Sub OptFont2_Click()
        If OptFont2.Value = True Then Text1.FontName = "幼圆"
    End Sub
    Private Sub OptFont3_Click()
        If OptFont3.Value = True Then Text1.FontName = "楷体_GB2312"
    End Sub
```

4. 【参考解答】

(1) 设计窗体界面。在窗体上添加 2 个标签，Caption 属性分别设置为"选择课程"和"可选课程总数"，1 个组合框(Combo1)，1 个文本框(Text1)用于显示总数，4 个命令按钮(CmdAdd、CmdDel、CmdCls 和 CmdEnd)的 Caption 属性分别为"添加"、"删除"、"全清"和"退出"。

(2) 窗体装载时把一组课程名添加到组合框中，即在 Form 的 Load 事件过程中进行初始化。

(3) 设计程序代码。窗体的 Load 事件过程代码和各命令按钮的 Click 事件过程代码如下：

```
Private Sub Form_Load()                  ' 窗体加载时对组合框进行初始化
    Combo1.AddItem "数据库原理"
    Combo1.AddItem "数据结构"
    Combo1.AddItem "汇编语言"
    Combo1.AddItem "VB 程序设计语言"
    Combo1.AddItem "高等数学"
    Combo1.AddItem "大学英语"
    Combo1.AddItem "微机原理"
End Sub
Private Sub CmdAdd_Click()               ' 添加
    If Len(Combo1.Text) > 0 Then
        Combo1.AddItem Combo1.Text
        Text1.Text = Combo1.ListCount
    End If
    Combo1.Text = ""
    Combo1.SetFocus                      ' 设置焦点
End Sub
Private Sub CmdCls_Click()               ' 全清
    Combo1.Clear
    Text1.Text = Combo1.ListCount
End Sub
Private Sub CmdDel_Click()               ' 删除
    Dim ind As Integer
    ind = Combo1.ListIndex
    If ind <> -1 Then                    '-1 表示无表项
        Combo1.RemoveItem ind            ' 删除已选定的表项
        Text1.Text = Combo1.ListCount
    End If
End Sub
Private Sub CmdEnd_Click()
    End
End Sub
```

-132-

5. 【5】Timer1   【6】 Static x as interger,y as integer   【7】 x,y

6. 【参考解答】

(1) 按要求设计界面。在窗体上添加 1 个列表框、1 个文本框和 3 个命令按钮。

(2) 根据题目要求及图示设置各控件属性。

(3) 设计程序代码。编写如下程序代码：

```
Private Sub Form_Load()
    flag = False
End Sub
Private Sub CmdAdd_Click()              ' 单击"添加"按钮
    List1.AddItem Text1.Text
    Text1.Text = ""
End Sub
Private Sub CmdDel_Click()              ' 单击"删除"按钮
    List1.RemoveItem List1.ListIndex
End Sub
Private Sub CmdChg_Click()              ' 单击"修改"按钮
    flag = Not flag
    If flag = True Then
        Text1.Text = List1.Text
        List1.RemoveItem List1.ListIndex
        CmdChg.Caption = "修改确认"
    End If
End Sub
Private Sub Text1_KeyDown(KeyCode As Integer, Shift As Integer)
                                ' 在文本框上按下回车键响应键盘事件
    If KeyCode = vbKeyReturn Then
        List1.AddItem Text1.Text
        CmdChg.Caption = "修改"
        Text1.Text = ""
    End If
End Sub
```

习题 8 参考解答

一、选择题

　1. D　　　　　2. B　　　　　3. B　　　　　4. B　　　　　5. D

6. D	7. C	8. D	9. D	10. D
11. C	12. B	13. B	14. D	15. B
16. A	17. A	18. B	19. C	20. A

二、填空题

【1】 MDI 多文档窗体　【2】 窗体　　【3】 启动窗体　　【4】 Unload

【5】 Form1.Show 1　　　　　　　　　【6】 PopupMenu

【7】 一　　　　　　【8】 MDIChild　【9】 Menu 和 PictureBox 控件

【10】 ToolBar　　　【11】 前　　　【12】 3

【13】 并不会自动加载　　　　　　　　【14】 MDI 窗体

【15】 屏幕上任何地方

三、简答题

1.【参考解答】菜单名指的是在程序中要引用的菜单项的名称，类似于控件的 Name。而菜单项是菜单命令的具体标题，类似于控件的 Caption。

热键指的是使用 Alt 键+字符键来打开菜单的组合键；而快捷键指的是可快速打开菜单项命令的组合键。

2.【参考解答】利用工具栏 ToolBar 控件可以建立多个按钮，而每个按钮的图像来自图像列表框 ImageList 控件中插入的图像。图像列表框 ImageList 控件包含了一个图像的集合，它专门用来为其他控件提供图像库。

要使得 ToolBar 与 ImageList 相互连接，操作方法如下：在窗体上添加 ToolBar 控件后，打开该控件的"属性页"；选择其中的"通用"选项卡，在"图像列表"下拉列表框中选择 ImageList 控件名(不能选 None)，这样就可建立两者间的连接。

3.【参考解答】创建工具栏可通过以下步骤来实现：

(1) 在窗体上创建 ToolBar 与 ImageList 控件对象。

(2) 在 ImageList 的"属性页"对话框中选择"图像"选项卡，单击"插入图片"按钮，插入已经准备好的若干图片(一般为比较小的按钮图片)。

(3) 打开 ToolBar 的"属性页"对话框，选择"通用"选项卡，指定"图像列表"下拉列表框中的 ImageList 控件名(不能选 None)，两者间建立连接。再打开"按钮"选项卡，设置"索引"值所对应的图像"索引"值，根据需要还可进行其他属性设置。

(4) 为工具栏上的按钮编写 Click 事件代码，实现各个按钮的相应功能。

四、编程题

1.【参考解答】

(1) 根据题目要求创建界面。在窗体上添加 1 个标签、3 个命令按钮。

(2) 设置对象属性。各控件的属性设置如表 8.1 所示。

表 8.1　编程题 4 对象的属性设置

对象(名称)	属 性	属性值	对象(名称)	属 性	属性值
窗体(Form1)	Caption	通用对话框	命令按钮(CmdEnd)	Caption	退出
命令按钮(CmdColor)	Caption	改变颜色	标签(lblTitle)	Caption	练习使用通用对话框
命令按钮(CmdFont)	Caption	改变字体		ForeColor	白色

(3) 运行结果如图 8-1 所示。程序代码如下：

```
Private Sub CmdColor_Click()                    '设置标签中的文字颜色
    CommonDialog1.ShowColor
    lblTitle.ForeColor = CommonDialog1.Color
End Sub
Private Sub CmdEnd_Click()
End
End Sub
Private Sub CmdFont_Click()                     '设置标签中的字体
    CommonDialog1.Flags = 2
    CommonDialog1.ShowFont
    lblTitle.FontName = CommonDialog1.FontName
    lblTitle.FontBold = CommonDialog1.FontBold
    lblTitle.FontSize = CommonDialog1.FontSize
End Sub
```

图 8-1　编程题 4 运行结果

2. 【参考解答】

(1) 创建窗体界面。在窗体上创建 1 个标签，其 Caption 属性为"右击弹出快捷菜单"。然后通过"工具"菜单下的"菜单编辑器"创建出如表 8.2 所示的菜单。

表 8.2　菜单各项属性的设置

菜单标题	菜单名称	快捷键	可 见
弹出菜单	PopMenu	Ctrl+N	
新建	mnuNew		√
打开	mnuOpen	Ctrl+O	√
保存	mnuSave		√
-	mnuSep	Ctrl+S	√
关闭	MnuClose		√

(2) 设计代码如下：

```
Private Sub Form_MouseDown(Button As Integer, Shift As Integer,
                           X As Single, Y As Single)
    If Button = 2 Then
PopupMenu PopMenu
End If
End Sub
```

3.【参考解答】

(1) 设计窗体界面。在窗体上添加 1 个文本框，并设置其 Multiline 属性为 True。再创建 1 个图像列表框(ImageList1)、1 个工具栏(ToolBar1)，并且要使得图像列表框和工具栏之间建立连接。

(2) 运行结果如图 8-2 所示。

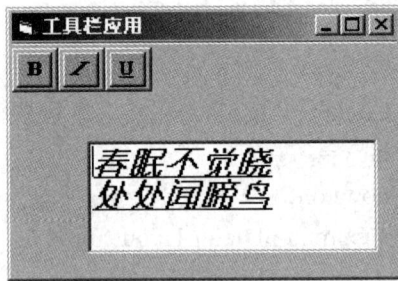

图 8-2　编程题 3 运行结果

(3) 设计代码如下：

```
Private Sub Toolbar1_ButtonClick(ByVal Button As MSComctlLib.Button)
    n = Button.Index
    If n = 1 Then Text1.FontBold = True
    If n = 2 Then Text1.FontItalic = True
    If n = 3 Then Text1.FontUnderline = True
End Sub
```

习题 9 参考解答

一、填空题

【1】 直线　　　　【2】 矩形　　　　【3】 圆　　　　【4】 椭圆

【5】 扇形与弧　　【6】 Shape　　　【7】 Line　　　【8】 Cls

【9】 [对象名 .] Circle [Step] <x, y>，半径 [，颜色]

【10】 [对象 .]Line [[Step]<x1，y1>] – [Step]<x2, y2> [，颜色], B[F]

二、简答题

1．在坐标默认单位为缇时，窗体的 Width 与 ScaleWidth 是否等价？窗体的 Height 与 ScaleHeight 是否等价？请查看一下你窗体中的这些数据。

【参考解答】在坐标系统默认单位为缇时，窗体的 Width 与 ScaleWidth、Height 与 ScaleHeight 不是等价的。ScaleWidth 和 ScaleHeight 的数值比 Width 和 Height 的数值小。

2．简述 Visual Basic 6.0 中的图形坐标系统和单位。

【参考解答】Visual Basic 6.0 的坐标系默认屏幕或容器对象(如窗体)的左上角是原点，X 轴的正方向是水平向右，Y 轴的正方向是垂直向下。坐标系统刻度默认单位是缇，除了缇之外还可以使用磅、像素和毫米等。

3．Visual Basic 6.0 中既可以使用 Line 控件绘制直线，也可以使用 Line 方法绘制直线，哪一种方式节省系统资源？

【参考解答】虽然在 Visual Basic 6.0 中使用 Line 控件和 Line 方法都可以绘制直线，但使用 Line 控件绘制直线所用的代码比使用 Line 方法要少，因此所需要的系统资源也比较少，有利于提高 Visual Basic 6.0 应用程序的性能。

4．Circle 方法可以绘制圆弧和扇形，它是由什么参数决定的？

【参考解答】使用 Circle 方法绘制圆弧和扇形的格式是：

[对象名．] Circle [Step] <x，y>，半径 [，颜色][，起始角][，终止角]。

如果起始角或终止角有一个是负数，则画一条连接圆心到负端点的直线；如果起始角和终止角都是负数，则画出的图形是一个扇形。

三、编程题

1．【参考解答】

(1) 简要分析。首先使用 Line 控件在窗体上绘制一条直线，然后"复制"该直线，再"粘贴"来创建其余 5 条直线，这样创建了一个 Line1()控件数组，其中包含 6 个元素。而直线的线型是由 BorderStyle 属性决定的，利用 For 循环给数组赋值 1~6。颜色不同，粗细不同的垂直线是利用 Line 方法绘制的，同时通过另一个 For 循环改变 DrawWidth 属性和 QBColor(i)值来改变线的粗细和颜色。

(2) 程序代码如下：

```
Private Sub Form_Click()
    x = 320
    For i = 1 To 8
        DrawWidth = i
        x = x + 400
        Line (x, 280)-(x, 2600), QBColor(i)
    Next
    BorderWidth = 1
    For j = 0 To 5
```

```
        Line1(j).BorderStyle = j + 1
    Next
End Sub
```

2．【参考解答】

(1) 简要分析。本题的关键是使用 Circle 方法绘制圆与椭圆，其格式为[对象名.] Circle [Step] <x，y>，半径 [，颜色]，，，[纵横比]。在使用 Circle 方法画圆时，主要参数是圆心和半径(可以设定)，而画实心圆只需令 FillStyle=0,FillColor 赋一个颜色值即可。用 Circle 方法画椭圆，主要参数除了圆心与半径之外，还须给定一个纵横比。

(2) 程序代码如下：

```
Private Sub Form_Click()
    FillStyle = 0
    FillColor = RGB(255, 0, 0)
    x = 900
    y = 1000
    Circle (x, y), 300
    k = 3
    FillStyle = 1
    Circle (x * 2, y), 500, , , k
    Circle (x * 3, y), 500, , , k
    Circle (x * 4, y), 500, , , k / 2
    Circle (x, y), 500, , , k / 6
    Circle (x * 2, y), 500, , , k / 9
    Circle (x * 3, y), 500, , , k / 15
End Sub
```

3．【参考解答】

(1) 设计窗体界面。创建窗体将其 Caption 属性改为"绘制图形"，然后在窗体上添加一个图片框控件(Picture1)。

(2) 程序代码如下：

```
Private Sub Picture1_Click()
Const PI = 3.14159
    Dim r, x, y, r1, y1
    Picture1.Cls
    r = 1000
    y1 = 1000−r
    For i = 0 To 2 * PI Step PI / 36
        x = r * Cos(i) + 1800
        y = r * Sin(i) + 1300
        r1 = Sqr((x−1000) * (x−1000) + (y−y1) * (y−y1))
        Picture1.Circle (x, y), r1 / 4
```

```
        Next
    End Sub
```

习题 10 参考解答

一、选择题

1. C   2. C   3. D   4. C   5. A

6. B   7. B   8. D

二、填空题

【1】 Input   【2】 Input   【3】 Output   【4】 Append

【5】 顺序文件   【6】 随机文件   【7】 Random   【8】 Open

【9】 Close   【10】 FreeFile   【11】 "e:\example\f1.txt" For Output

【12】 Print #1, I   【13】 Line Input # 1,aspect $

【14】 Whole $ 【15】 Text1.text

三、简答题

1. 简述数据文件的结构。

【参考解答】为了有效地存取数据，数据必须按照某种特定的方式组织，这种特定的组织方式称为文件结构。这里简单介绍一下由记录组成的文件。记录是计算机处理数据的基本单位，它由一组具有共同属性相互关联的数据项组成，而数据项又由若干个字段组成，字段由字符组成，用此来表示一项数据。

2. 文件的作用是什么？目录与文件是什么关系？

【参考解答】文件是指存储在外存储器中以文件名唯一标识的数据集合。在程序设计中，使用文件可以使一个程序对不同的输入数据进行加工处理，产生相应的输出结果；使用文件也可以方便用户，提高上机效率；使用文件还不受内存大小的限制。存放在磁盘上的文件通过"路径"指明文件在磁盘上的存放位置。"路径"由目录和文件名组成，目录就是盘符名加上文件夹名。

3. 在 Visual Basic 6.0 中，文件操作的一般步骤是什么？

【参考解答】文件的操作按下列步骤进行：

(1) 打开(或建立)文件。一个文件必须先打开或建立后才能使用。

(2) 进行读/写操作。在打开(或建立)的文件上执行所要求的输入/输出操作。

(3) 关闭文件。关闭文件时，强制将数据写入磁盘，并释放相关的资源。

4. 文件列表框的 FileName 属性包含路径吗？

【参考解答】文件列表框的 FileName 属性用于设置或返回在文件列表框中选定的文件的名称(包括后缀名)，该名称是短文件名，不包含路径。

5. 使用 Output 模式打开一个已存在的文件会发生什么情况？与 Append 方式的区别是

什么？

【参考解答】Output 模式打开的文件是用来输出(写入)数据的，以这种方式打开的文件只能进行写操作。如果打开的是一个已存在的文件，则写入的数据将会覆盖原来的内容，而以 Append 方式打开的文件也是用来输出(写入)数据的，但是写入的数据会追加到源内容的后面，不会覆盖源内容。

6. 不用 Close 语句关闭文件，为什么可能导致文件数据丢失？

【参考解答】当对文件的操作结束后，必须要将该文件关闭，否则会造成数据的丢失。因为 Print 或 Write 写操作语句是把要写入文件的数据先送到缓冲区，当缓冲区充满时再自动向文件写入一次，使用 Close 语句可以将未充满的缓冲区内容强制写入文件。

四、编程题

1. 【参考解答】

(1) 简要分析。对文件进行读/写操作之前先要用 Open 语句打开相关的文件，然后使用 Line Input #语句将文件内容循环读到一个变量中，最后将变量值显示在文本框中即可。

(2) 界面设计。在窗体上添加 1 个文本框和 1 个命令按钮，命令按钮的 Caption 属性值设置为"读文件"。

(3) 程序代码如下：

```
Private Sub Command1_Click()
    Dim char As String, whole As String
    Open "e:\example\fun.txt" For Input As #1
    Do While Not EOF(1)
        Line Input #1, char
        whole = whole + char
    Loop
    Text1.Text = whole
    Close #1
End Sub
```

2. 【参考解答】

(1) 设计窗体界面。按照题意在窗体上添加 2 个框架控件、3 个标签控件、3 个文本框控件、1 个列表框和 1 个命令按钮控件。

(2) 设置对象属性。设置窗体及控件属性如表 10.1 所示。

表 10.1　对象属性设置

对象(名称)	属　性	属性值	对象(名称)	属　性	属性值
窗体(Form1)	Caption	学生信息	标签(Label3)	Caption	成　绩
框架(Frame1)	Caption	输入记录	文本框(Text1)	Text	" "(空)
框架(Frame2)	Caption	浏览数据	文本框(Text2)	Text	" "(空)
标签(Label1)	Caption	学　号	文本框(Text3)	Text	" "(空)
标签(Label2)	Caption	姓　名	按钮(Command1)	Caption	追加记录

(3) 程序代码如下：

```
Private Type student                '自定义记录类型
    xh As String * 8
    name As String * 10
    score As Integer
End Type
Dim stu As student                  '定义一个 student 类型的变量 stu
Private Sub Command1_Click()
    Dim lastrec As Integer
    stu.xh = Text1.Text
    stu.name = Text2.Text
    stu.score = Val(Text3.Text)
    Open "g:\student2.dat" For Random As #1 Len = Len(stu)
    lastrec = LOF(1) / Len(stu)
    Put #1, lastrec + 1, stu        '把当前数据追加到最后
    Close #1
    Call Form_Load                  '也可以直接使用 List1.additem 方法将新记录添加
                                    '到列表框中
    Text1.Text = ""                 '清空文本框以便下次输入
    Text2.Text = ""
    Text3.Text = ""
    Text1.SetFocus
End Sub
Private Sub Form_Load()
    Dim lastrec As Integer, i As Integer
    Open "g:\student2.dat" For Random As #1 Len = Len(stu)
    lastrec = LOF(1) / Len(stu)     '总记录数=文件长度/记录长度
    List1.Clear
    For i = 1 To lastrec            '读出所有记录
        Get #1, i, stu
        List1.AddItem stu.xh & "" & stu.name & "" & stu.score
    Next
    Close #1
End Sub
```

3. 【参考解答】

(1) 设计窗体界面。在窗体上添加驱动器列表框控件 Drive1、目录列表框控件 Dir1、文件列表框控件 File1、1 个组合框控件 Combo1 和 1 个标签。

(2) 设置对象属性。设置窗体及控件属性如表 10.2 所示。

表 10.2　对象属性设置

对象	属 性	属性值	对象	属 性	属性值
窗体(Form1)	Caption	显示文件	标　签	Caption	文件类型

(3) 程序代码如下：

```
Private Sub Form_Load()
    Combo1.AddItem "所有文件(*.*)"          '添加文件类型列表
    Combo1.AddItem "文本文件(*.txt)"
    Combo1.AddItem "窗体文件(*.frm)"
    Combo1.AddItem "图片文件(*.jpg)"         '设置 Combo1 组合框中显示第一项
    File1.Pattern = "*.*"                    '设置文件列表框的初始显示类型
End Sub
Private Sub Dir1_Change()
    File1.Path = Dir1.Path                   '目录列表框和文件列表框同步
End Sub
Private Sub Drive1_Change()
    Dir1.Path = Drive1.Drive                 '驱动器列表框和目录列表框同步
End Sub
Private Sub Combo1_Click()
    File1.Pattern = Mid((Right(Combo1.Text, 6)), 1, 5)      '截取文件类型字符串
End Sub
```

习题 11 参考解答

一、选择题

1. B	2. C	3. D	4. D	5. A
6. C	7. D	8. D	9. B	10. A
11. D	12. B	13. C	14. B	15. A

二、填空题

【1】 数据库　　　　　　　　　　　【2】 数据库管理系统

【3】 关系　　　【4】 数据库系统　【5】 关系模型　　【6】 DataSource

【7】 数据控件名称【8】 DataField　【9】 Connect　　【10】 多

【11】 行　　　　　　　　　　　　【12】 列

【13】 部件　　　　　　　　　　　【14】 Microsoft ADO Data Control 6.0

【15】 结构化查询　　　　　　　　【16】 Select

三、编程题

(1) 设计窗体界面如图 11-1 所示。在窗体上添加 6 个标签、6 个文本框、4 个命令按钮和 1 个 Data 控件。

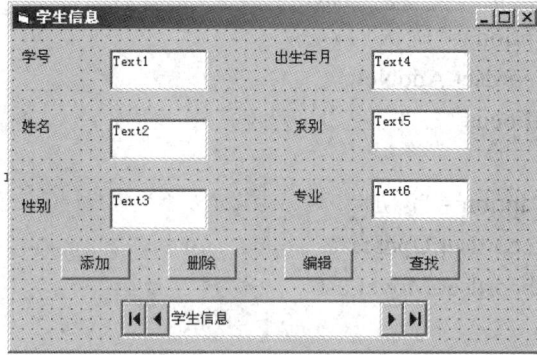

图 11-1　设计界面

(2) 设置各控件属性。窗体各控件属性见表 11.1。

表 11.1　窗体属性表

对　象	属　性	属性值	对　象	属　性	属性值
窗体(Form1)	Caption	学生信息	文本框4 (Text4)	Text	" "(空)
Data控件 (Data1)	Caption	Data1		Datasource	Data1
	DatabaseName	D:\student.mdb		DataFied	出生年月
	Connect	access	文本框5 (Text5)	Text	" "(空)
	RecordSource	student		Datasource	Data1
标签1	Caption	学号		DataFied	系别
标签2	Caption	姓名	文本框6 (Text6)	Text	" "(空)
标签3	Caption	性别		Datasource	Data1
标签4	Caption	出生年月		DataFied	专业
标签5	Caption	系别	命令按钮1	Name	Cmd1
标签6	Caption	专业		Caption	添加
文本框1 (Text1)	Text	" "(空)	命令按钮2	Name	Cmd1
	Datasource	Data1		Caption	删除
	DataFied	学号	命令按钮3	Name	Cmd1
文本框2 (Text2)	Text	" "(空)		Caption	编辑
	Datasource	Data1	命令按钮4	Name	Cmd1
	DataFied	姓名			
文本框3 (Text3)	Text	" "(空)		Caption	查找
	Datasource	Data1			
	DataFied	性别			

(3) 程序代码如下：

```
Private Sub Cmd1_Click()
```

－143－

```vb
    On Error Resume Next
    Cmd2.Enabled = Not Cmd2.Enabled
    Cmd3.Enabled = Not Cmd3.Enabled
    Cmd4.Enabled = Not Cmd4.Enabled
    If Cmd1.Caption = "添加" Then
        Cmd1.Caption = "确认"
        Data1.Recordset.AddNew
        Text1.SetFocus
    Else
        Cmd1.Caption = "添加"
        Data1.Recordset.Updata
        Data1.Recordset.MoveLast
    End If
End Sub
Private Sub Cmd2_Click()
    Dim mst, res As String
    mst = "您是否真的要删除？"
    On Error Resume Next
    res = MsgBox(mst, vbOKCancel + vbExclamation)
    Select Case res
        Case vbOK
            Data1.Recordset.Delete
            Data1.Recordset.MoveNext
            If Data1.Recordset.EOF Then Data1.Recordset.MoveLast
    End Select
End Sub
 ' 编辑按钮
Private Sub Cmd3_Click()
    Data1.Recordset.Edit
    Cmd3.Enabled = False
End Sub
Private Sub Cmd4_Click()
    Dim sname As String
    sname = InputBox$("请输入姓名", "按学生姓名查找")
    Data1.Recordset.FindFirst "姓名='" & sname & "'"
    If Data1.Recordset.NoMatch Then MsgBox "查无此学生!", "提示"
End Sub
Private Sub Form_Load()
    Cmd1.Enabled = True: Cmd2.Enabled = True
```

Cmd3.Enabled = True:

Cmd4.Enabled = True

End Sub

习题 12 参考解答

一、选择题

1. C   2. D   3. B   4. D   5. C

二、填空题

【1】编译错误   【2】运行错误   【3】逻辑错误   【4】设计模式

【5】运行模式   【6】中断模式   【7】标题栏   【8】立即窗口

【9】监视窗口   【10】本地窗口   【11】On Error   【12】.EXE

三、简答题

1. 简要描述 Resume 和 Resume Next 的区别。

【参考解答】

Resume 表示结束错误处理程序并重新执行产生错误的语句。

Resume Next 表示结束错误处理程序并开始执行产生错误的语句的下一行语句。

2. 逐语句和逐过程有什么区别?

【参考解答】

逐过程执行与逐语句执行基本相同,但唯一的区别是:当遇到过程调用语句时,逐语句执行会转到被调用的过程中逐句执行,而逐过程只是把过程调用当做一个单一语句执行。

3. 编写一段错误处理程序,对数据溢出错误进行处理。

【参考解答】

```
On Error GoTo DataErr
    Dim num As Integer, var As Integer    num=10
    var = num * 10000
    Print var
    Exit Sub
    DataErr:
MsgBox "Try multiplying with a smaller integer"
```

4. 编写一段错误处理程序,对除数为零错误进行处理。

【参考解答】

```
On Error GoTo err1
Text3.Text = Text1.Text / Text2.Text
    Msgbox "Error resolved"
```

```
 Exit sub
  err1:
MsgBox Err.Number
MsgBox Err.Description
If Err.Number = 11 Then
    Text2.Text = Text2.Text + 1
End If
Resume
```

参 考 文 献

[1] 陆汉权，冯晓霞，方红光. Visual Basic 程序设计教程. 浙江：浙江大学出版社，2006.

[2] 谭浩强，袁玫，薛淑斌. Visual Basic 程序设计. 2 版. 北京：清华大学出版社，2004.

[3] 赵锡英. Visual Basic 实验习题指导. 兰州：甘肃科学技术出版社，2007.

[4] 谭浩强，刘炳文. Visual Basic 程序设计例题汇编. 北京：清华大学出版社，2006.

[5] 卢湘鸿，唐大仕. Visual Basic 程序设计. 2 版. 北京：清华大学出版社，2004.

[6] 杨莉. Visual Basic 6.0 程序设计实验指导与习题详解. 北京：中国水利水电出版社，2001.

[7] 窦连江. Visual Basic 6.0 程序设计例题解析与上机指导. 北京：中国铁道出版社，2004.

[8] 刘炳文，杨明福，陈定中. 全国计算机等级考试二级教程——Visual Basic 语言程序设计(修订版). 北京：高等教育出版社，2001.

[9] 陈佳丽. Visual Basic 程序设计基础与实训教程. 北京：清华大学出版社，2005.

[10] 李兰友，王春娴，尹慧. Visual Basic 程序设计及实训教程. 北京：北方交通大学出版社，2003.

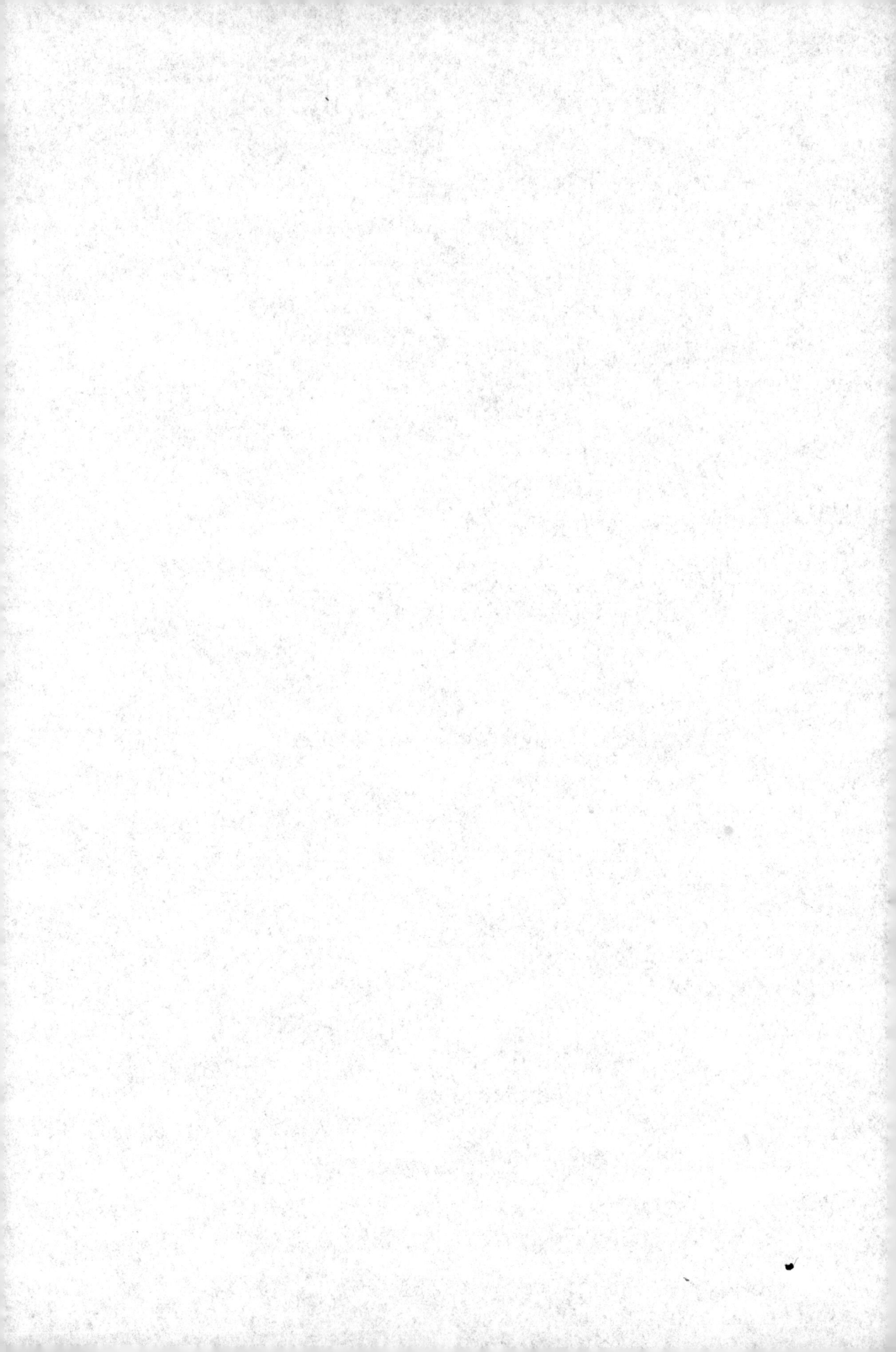